**正誤表**

**目次 iv**

（誤）6．天然保湿因子（NMF：natural misturizing factor）

（正）6．天然保湿因子（NMF：natural moisturizing factor）

**本文 27 頁**

（誤）6．天然保湿因子（NMF：natural misturizing factor）

（正）6．天然保湿因子（NMF：natural moisturizing factor）

# 化粧品の効能を考えるときに読む皮膚科学

化粧品コンセプトを構築するための皮膚科学的アプローチ

# はじめに

　皮膚科学の進歩は医療分野のみならず、スキンケアの質の向上に寄与しています。今やスキンケアは各種疾患に対する予防や、悪化の防止、あるいは加齢による外観の変化に対する予防的医療（セルフメディケーション）の一部を担うまでになっています。

　本書は

　　「化粧品の効能を考えるときに読む皮膚科学—化粧品コ
　　ンセプトを構築するための皮膚科学的アプローチ—」

と題して、化粧品産業のなかで、これから皮膚科学を学ぼうとする人や、化粧品の効能効果を理解し、仕事に生かしたい人のための入門書として企画しました。

　内容は「できうる限り新知見」を「できうる限りわかりやすく（これは筆者らの希望ではあるが）」まとめた一冊となっています。

　本書が読者の皆さんの皮膚科学の理解と、これまで蓄積されてきた知識の整理に役立つことを目的として出版いたします。

正木　仁・岡野由利

# 目　次

**第1章　皮膚の全体像：皮膚と皮膚付属器官の基本的な構造**　　　1

1. 表皮の構造と構成細胞 . . . . . . . . . . . . . . . . . .　1
   1.1. 表皮細胞層の特徴 . . . . . . . . . . . . . . . .　1
      1.1.1. 角層 . . . . . . . . . . . . . . . . . . . .　1
      1.1.2. 顆粒層 . . . . . . . . . . . . . . . . . . .　3
      1.1.3. 有棘層 . . . . . . . . . . . . . . . . . . .　3
      1.1.4. 基底層 . . . . . . . . . . . . . . . . . . .　3
2. 基底膜の構造と構成成分 . . . . . . . . . . . . . . .　4
3. 真皮の構造と構成細胞 . . . . . . . . . . . . . . . .　4
   3.1. 膠原線維 (collagen fiber) . . . . . . . . . . .　5
   3.2. 弾力線維 (elastic fiber) . . . . . . . . . . .　6
   3.3. 基質 (ground substace) . . . . . . . . . . . .　6
   3.4. 細胞 . . . . . . . . . . . . . . . . . . . . . .　7
      3.4.1. 線維芽細胞 (fibroblast) . . . . . . . . . .　7
      3.4.2. 肥満細胞 (mast cell) . . . . . . . . . . .　7
4. 付属器官 . . . . . . . . . . . . . . . . . . . . . . .　7
   4.1. 毛器官 . . . . . . . . . . . . . . . . . . . . .　7
   4.2. 爪 . . . . . . . . . . . . . . . . . . . . . . .　8
   4.3. 脂腺 . . . . . . . . . . . . . . . . . . . . . .　10
   4.4. 汗腺 . . . . . . . . . . . . . . . . . . . . . .　10
      4.4.1. エクリン汗腺 . . . . . . . . . . . . . . . .　10
      4.4.2. アポクリン汗腺 . . . . . . . . . . . . . . .　10

**第2章　表皮の角化（分化）**　　　11

1. 表皮細胞の角化のダイナミクス . . . . . . . . . . . .　11

　2.　表皮細胞と角層細胞の接着 . . . . . . . . . . . . . . . 　12

　3.　角層細胞の脱落（剥離）. . . . . . . . . . . . . . . . 　15

　文献 . . . . . . . . . . . . . . . . . . . . . . . . . . . . 　18

## 第3章　角層形成のプロセス　　　　　　　　　　　　　19

　1.　表皮バリア機能の足場：コーニファイドセルエンベロープ　19

　2.　角層細胞間脂質ラメラ構造と層板顆粒の役割 . . . . . 　20

　3.　角層細胞間脂質 . . . . . . . . . . . . . . . . . . . . 　21

　　　3.1.　セラミド . . . . . . . . . . . . . . . . . . . 　22

　4.　表皮保湿機能に重要な役割を果たすケラトヒアリン顆
　　　粒とフィラグリン . . . . . . . . . . . . . . . . . . 　24

　5.　表皮バリア機能とフィラグリン . . . . . . . . . . . 　26

　6.　天然保湿因子 (NMF: natural misturizing factor) . . 　27

　文献 . . . . . . . . . . . . . . . . . . . . . . . . . . . . 　28

## 第4章　表皮が獲得する機能　　　　　　　　　　　　　31

　1.　皮膚の最も重要な機能：バリア機能 . . . . . . . . . 　31

　2.　バリア機能を発現する仕組み . . . . . . . . . . . . 　31

　3.　角層細胞と細胞間脂質ラメラ構造体とバリア機能の指
　　　標 TEWL . . . . . . . . . . . . . . . . . . . . . . 　32

　4.　紫外線に対するバリア機能 . . . . . . . . . . . . . 　33

　5.　表皮バリア機能におけるタイトジャンクションの役割 . 　34

　6.　表皮バリア機能におけるランゲルハンス細胞の役割 . . 　35

　7.　病原体に対するバリア機能 . . . . . . . . . . . . . 　37

　文献 . . . . . . . . . . . . . . . . . . . . . . . . . . . . 　39

## 第5章　皮膚の乾燥と敏感肌　　　　　　　　　　　　　41

　1.　皮膚の乾燥とは . . . . . . . . . . . . . . . . . . . 　41

　2.　皮膚の乾燥は皮膚の乾燥を引き起こす . . . . . . . 　43

　3.　界面活性剤（SLS：ラウリル硫酸ナトリウム）による皮
　　　膚の乾燥 . . . . . . . . . . . . . . . . . . . . . . 　43

    4. 皮膚の乾燥と敏感肌 . . . . . . . . . . . . . . . . . . . . . . . . . . 44

    5. スティンギング刺激 . . . . . . . . . . . . . . . . . . . . . . . . . . . 45

    文献 . . . . . . . . . . . . . . . . . . . . . . . . . . . . . . . . . . . . . . . 47

**第 6 章　太陽光線が皮膚生理に及ぼす影響**     **49**

    1. 太陽光線とは . . . . . . . . . . . . . . . . . . . . . . . . . . . . . . . 49

    2. 私たちに必要な太陽光線 . . . . . . . . . . . . . . . . . . . . . . . 49

    3. 過剰に太陽光線を浴びた時の外観的皮膚反応 . . . . 51

    4. 太陽光線に対する感受性 . . . . . . . . . . . . . . . . . . . . . . . 52

    5. 過剰に太陽光線を浴びた時の皮膚機能変化 . . . . . . 53

       5.1. 皮膚バリア機能と水分保持機能 . . . . . . . . . . . . 53

       5.2. 皮膚免疫機能 . . . . . . . . . . . . . . . . . . . . . . . . . . 54

    6. 過剰に太陽光線を浴びた時の皮膚の細胞の変化 . . . 54

       6.1. 皮膚での活性酸素の生成 . . . . . . . . . . . . . . . . . . 54

       6.2. DNA 損傷 . . . . . . . . . . . . . . . . . . . . . . . . . . . . . 56

    7. 太陽光線を慢性的に浴びた時の皮膚外観変化と皮膚内
部の変化 . . . . . . . . . . . . . . . . . . . . . . . . . . . . . . . . . . . 56

       7.1. 皮膚外観変化 . . . . . . . . . . . . . . . . . . . . . . . . . . 56

       7.2. 皮膚内部の変化 . . . . . . . . . . . . . . . . . . . . . . . . 57

    文献 . . . . . . . . . . . . . . . . . . . . . . . . . . . . . . . . . . . . . . . 58

**第 7 章　紫外線防御の最前線**     **61**

    1. 紫外線防止効果のパラメーター . . . . . . . . . . . . . . . . 62

       1.1. *In vivo* SPF と *In vivo* UVAPF の測定方法 . . . 64

       1.2. *In vitro* UVA 防御効果測定法 . . . . . . . . . . . . . 64

    2. 日本国内の紫外線防御効果の表示 . . . . . . . . . . . . . . 65

    3. 紫外線防御剤 . . . . . . . . . . . . . . . . . . . . . . . . . . . . . . . 66

       3.1. 紫外線散乱剤 . . . . . . . . . . . . . . . . . . . . . . . . . . 67

       3.2. 紫外線吸収剤 . . . . . . . . . . . . . . . . . . . . . . . . . . 67

       3.3. 紫外線吸収剤の光劣化 . . . . . . . . . . . . . . . . . . . 70

    文献 . . . . . . . . . . . . . . . . . . . . . . . . . . . . . . . . . . . . . . . 71

**第8章　皮膚の老化**　　　　　　　　　　　　　　　　　73

　1.　老化皮膚の特徴的な外観変化 . . . . . . . . . . . . . . . . 73
　　1.1.　皮膚色調の変化 . . . . . . . . . . . . . . . . . . . . 74
　　1.2.　形態の変化とシワの分類 . . . . . . . . . . . . . . . 74
　2.　老化皮膚の機能変化 . . . . . . . . . . . . . . . . . . . 76
　3.　皮膚付属器官の機能変化 . . . . . . . . . . . . . . . . . 76
　4.　生理的老化皮膚と光老化皮膚の違い . . . . . . . . . . . 77
　文献 . . . . . . . . . . . . . . . . . . . . . . . . . . . . . 80

**第9章　老化に伴う真皮構成成分の変化とそのメカニズム**　　83

　1.　膠原線維（コラーゲン線維）の減少メカニズム . . . . 83
　2.　コラーゲン線維の分解を守るデコリン . . . . . . . . . 85
　3.　線維芽細胞の形態変化と機能低下 . . . . . . . . . . . . 86
　4.　弾性線維について . . . . . . . . . . . . . . . . . . . . 88
　5.　光老化皮膚と血管とリンパ管の状態 . . . . . . . . . . 91
　文献 . . . . . . . . . . . . . . . . . . . . . . . . . . . . . 93

**第10章　皮膚色の変化のメカニズム**　　　　　　　　　　95

　1.　色素細胞（メラノサイト） . . . . . . . . . . . . . . . 95
　2.　メラニン (melanin) とは . . . . . . . . . . . . . . . . 96
　3.　メラニン合成の化学 . . . . . . . . . . . . . . . . . . . 97
　4.　メラニン合成の場 . . . . . . . . . . . . . . . . . . . . 99
　5.　メラノソーム関連タンパク . . . . . . . . . . . . . . . 100
　　5.1.　メラニン合成酵素群 . . . . . . . . . . . . . . . . . 100
　　5.2.　メラノソーム構造タンパク . . . . . . . . . . . . . 101
　6.　チロシナーゼの生合成メカニズム . . . . . . . . . . . 101
　7.　メラノソームの移送 . . . . . . . . . . . . . . . . . . . 101
　8.　メラノソームのメラノサイト内輸送 . . . . . . . . . . 102
　9.　メラノソームの表皮細胞による貪食 . . . . . . . . . . 102
　10.　貪食されたメラノソームの運命 . . . . . . . . . . . . 104
　文献 . . . . . . . . . . . . . . . . . . . . . . . . . . . . . 105

**第11章 太陽紫外線により亢進する色素産生**     107

  1. 紫外線により亢進する色素産生 . . . . . . . . . . . . 107

  2. メラノサイト刺激因子 . . . . . . . . . . . . . . . . 108

  3. 活性酸素 . . . . . . . . . . . . . . . . . . . . . . 112

  4. 医薬部外品主剤 . . . . . . . . . . . . . . . . . . . 112

    4.1. チロシナーゼ活性に作用点を持つ美白主剤 . . . . 112

    4.2. チロシナーゼタンパクの減少に作用点を持つ美白
      主剤 . . . . . . . . . . . . . . . . . . . . . . . 115

    4.3. メラノサイト活性化シグナルのブロックに作用点
      を持つ美白主剤 . . . . . . . . . . . . . . . . . . 115

    4.4. メラニン排出促進に作用点を持つ美白主剤 . . . 116

    4.5. その他の作用点を持つ美白主剤 . . . . . . . . . 116

  5. メラノサイト活性化について最近のトピックス . . . . 117

  文献 . . . . . . . . . . . . . . . . . . . . . . . . . . 117

**第12章 にきび**     121

  1. にきびの症状 . . . . . . . . . . . . . . . . . . . . 121

  2. にきびの発症機序 . . . . . . . . . . . . . . . . . . 122

    2.1. 皮脂分泌の亢進 . . . . . . . . . . . . . . . . . 123

    2.2. 毛漏斗部の角化異常 . . . . . . . . . . . . . . . 125

    2.3. アクネ菌の作用 . . . . . . . . . . . . . . . . . 127

    2.4. 活性酸素 . . . . . . . . . . . . . . . . . . . . . 128

    2.5. その他の因子 . . . . . . . . . . . . . . . . . . 129

  文献 . . . . . . . . . . . . . . . . . . . . . . . . . . 129

**第13章 毛髪の構造とトラブル**     133

  1. 毛髪の基本構造 . . . . . . . . . . . . . . . . . . . 133

  2. 毛周期と毛組織の構造変化 . . . . . . . . . . . . . 135

  3. 男性型脱毛症 . . . . . . . . . . . . . . . . . . . . 138

  4. 女性の脱毛 . . . . . . . . . . . . . . . . . . . . . 140

  5. 白髪 . . . . . . . . . . . . . . . . . . . . . . . . . 141

文献 . . . . . . . . . . 145

**第14章 保湿化粧品コンセプトを構築するための皮膚科学的ア
プローチ** 149

1. 対処療法としての保湿化粧品コンセプト . . . . . . . 149

2. 皮膚の保湿機能を高める保湿化粧品のコンセプト . . . 150

　2.1. 水分保持機能を高める . . . . . . . . . . 150

　2.2. 角層バリア機能を高める . . . . . . . . . . 151

3. 皮膚の乾燥による皮膚トラブル改善を保湿化粧品の機
能とするコンセプト . . . . . . . . . . 152

4. 角層機能の改善評価の方法 . . . . . . . . . . 153

**第15章 美白化粧品コンセプトを構築するための皮膚科学的ア
プローチ** 155

1. メラノサイトの活性化とメラノソームの成熟 . . . . . 156

2. メラノソームの表皮細胞への移送 . . . . . . . . 157

3. メラノソームを取り込んだ表皮細胞の分化とメラノソー
ムの分解過程 . . . . . . . . . . 158

**第16章 抗老化化粧品コンセプトを構築するための皮膚科学的
アプローチ** 161

1. コラーゲンをターゲットとするコンセプト . . . . . . 161

　1.1. コラーゲン線維の分解を抑制 . . . . . . . 162

　1.2. コラーゲン線維の再生 . . . . . . . . . . 163

2. 弾性線維の分解と再生 . . . . . . . . . . 163

　2.1. オキシタラン線維の分解抑制 . . . . . . . 164

　2.2. 弾性線維の再生 . . . . . . . . . . 164

3. 基底膜の分解と再生 . . . . . . . . . . 165

　3.1. タイプ IV コラーゲンの分解 . . . . . . . 165

　3.2. 基底膜の再生 . . . . . . . . . . 166

# 第1章　皮膚の全体像：
## 　　　皮膚と皮膚付属器官の基本的な構造

　皮膚は人体の最外層に位置し、生体を外部の刺激から保護し、皮膚内部からの水分の損失を防御する重要な役割を担っている。皮膚は外側から内側に向かって、表皮、真皮、皮下組織に大きく3層に分類される。最表面には肌理が存在し、表皮と真皮の間には基底膜、付属器官として毛器官、脂腺と汗腺が存在する（図1）。

## 1．表皮の構造と構成細胞

　表皮は主に表皮細胞により構成され、皮膚の表面から内部へ向かい4つの層で構成される。最表面から角層、顆粒層、有棘層、基底層と呼ばれ、各層は角層細胞、顆粒細胞、有棘細胞、基底細胞により構成されている。これら各細胞は、基底細胞が分裂した娘細胞が角化（分化）に伴い、各層を構成する細胞へ変化したものである。また、表皮細胞以外の細胞として、基底層には色素細胞が、有棘層にはランゲルハンス細胞が存在している（図1）。

### 1.1．表皮細胞層の特徴
#### 1.1.1．角層
　角層は部位によって異なり10層から20層存在し、20μm

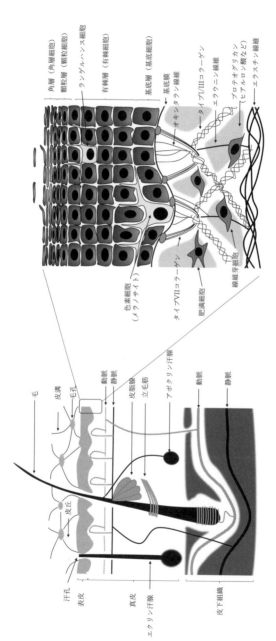

角層（角層細胞）
顆粒層（顆粒細胞）
ランゲルハンス細胞
有棘層（有棘細胞）
基底層（基底細胞）
基底膜
オキシタラン線維
タイプI/IIIコラーゲン
エラウニン線維
プロテオグリカン（ヒアルロン酸など）
エラスチン線維

色素細胞（メラノサイト）

タイプVIIコラーゲン
肥満細胞
線維芽細胞

汗孔
表皮
真皮
エクリン汗腺

毛
皮溝
毛孔
動脈
静脈
皮脂腺
立毛筋
アポクリン汗腺
皮丘

動脈
静脈
皮下組織

**図1 皮膚の構造**

2

程度の厚みがある。手掌や足裏の角層は特に厚く約 50 層にもなる。角層を構成する角層細胞はコルネオデスモソームによってお互いに接着されている。最表面の角層細胞は、コルネオデスモソームがプロテアーゼによって分解されることによって、皮膚表面から剥落する。角層細胞内部はケラチンフィラメント（トノフィラメント）による一定のパターンで満たされている。このパターンをケラチンパターンと呼ぶ。角層細胞間にはセラミド、脂肪酸、コレステロール等で構成される脂質二重膜が積み重なる脂質ラメラ構造を形成して存在している。

## 1.1.2. 顆粒層

顆粒層は 2 から 3 層存在し、その名前が表すように細胞内部にはヘマトキシリンに好染性のケラトヒアリン顆粒と、角層細胞間脂質などを蓄積している層板顆粒が存在する。皮膚表面から顆粒層二層目の顆粒細胞の垂直接合面にはタイトジャンクションと呼ばれる細胞接着装置がある。

## 1.1.3. 有棘層

有棘層は 5 層から 10 層あり、表皮の大部分を占める。有棘細胞同士はデスモソームにより接着されている。有棘層には、皮膚免疫を担当するランゲルハンス細胞 (Langerhans cell) が存在する。

## 1.1.4. 基底層

基底層は 1 層のみ存在し、基底層を構成する細胞を基底細胞と呼ぶ。基底細胞は、表皮細胞の母細胞であり唯一増殖することができる。基底細胞の底面は表皮基底膜を介して真皮と結合している。また、基底膜には基底細胞 9〜10 個に対して 1 個

の割合で色素細胞 (melanocyte) が存在する。

## 2. 基底膜の構造と構成成分

　基底膜は IV 型コラーゲンとラミニン 5(ラミニン 332) によって構成されており、表皮側からは表皮細胞（基底細胞）がインテグリン分子を介して接着している。表皮側からは、基底細胞内のトノフィラメントがヘミデスモソームを介して結合している。また、XVII 型コラーゲンも存在している。真皮側からは VII 型コラーゲン線維がつり革のように接着し、VII 型コラーゲンがこのつり革を介して I 型、III 型コラーゲン線維がぶら下がっている（図 2）。形態学的には基底膜は波状構造を示し、その波状構造は表皮側からは表皮突起、真皮側からは真皮乳頭と呼ばれる。

## 3. 真皮の構造と構成細胞

　真皮は細胞外マトリックス extracellular matrix (ECM) からなり、そのマトリックス内に真皮構成細胞がまばらに存在している。ECM は膠原線維 (collagen fiber)、弾性線維 (elastic fiber)、基質 (ground substance) によって構成されている。真皮構成細胞には線維芽細胞、肥満細胞がある（図 1）。
　形態学上、真皮は表皮直下を乳頭層 (papillary dermis)、その深部を網状層 (reticular dermis) に分けられている。

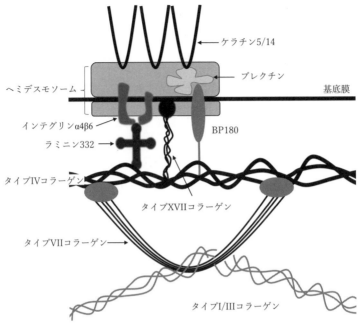

ケラチン5/14

プレクチン

基底膜

ヘミデスモソーム

インテグリンα4β6

ラミニン332

BP180

タイプIVコラーゲン

タイプXVIIコラーゲン

タイプVIIコラーゲン

タイプI/IIIコラーゲン

**図2** 基底膜の構造

## 3.1. 膠原線維 (collagen fiber)

膠原線維はいわゆるコラーゲンで、乾燥重量では真皮の70%を占める主要な線維である。 コラーゲンは20種類程度存在するが、皮膚にはタイプⅠ、Ⅲ、Ⅳ、Ⅴ、Ⅵ、Ⅶ、ⅩⅣ、ⅩⅦが存在する。皮膚ではタイプⅠコラーゲンが最も多く、次いでタイプⅢコラーゲンとなる。コラーゲンは線維芽細胞でプロコラーゲンとして合成され、細胞外へ分泌された後に分子同士の架橋を形成し細線維 (collagen fibril) から線維 (collagen fiber)、線維束 (collagen bundle) へと成熟する。

## 3.2. 弾力線維 (elastic fiber)

　皮膚では 1～2%程度しか存在しないが、皮膚の弾力性を保つ働きをしている。Elastic fiber は、乳頭層では表皮に対して垂直に配向し、網状層では表皮に対して水平に配向している。乳頭層において垂直に配向している線維をオキシトラン線維 (oxytalan fiber)、エラウニン線維 (elaunin fiber) と呼ばれ、網状層に存在する線維をエラスチン線維 (elastin fiber) と呼ぶ。Elastic fiber は、複数の分子によって構成されている複合線維であり、マイクロフィブリル (microfibril) 上にトロポエラスチン (tropoelastin) が吸着しており、これ以外にフィブリリン (fiburilin)、microfibril-associated glycoprotein (MAGP)、latent TGF-$\beta$ binding protein (LTBP) によって構成されている。オキシトラン線維、エラウニン線維、エラスチン線維の違いは、マイクロフィブリル上へのトロポエラスチンの沈着の程度により、オキシトラン線維、エラウニン線維、エラスチン線維になるほどトロポエラスチンの沈着割合が多くなる（図 1）。

## 3.3. 基質 (ground substace)

　基質は、膠原線維と弾力線維の間を埋める成分で、プロテオグリカンと呼ばれる。プロテオグリカンは、酸性ムコ多糖とコアタンパクが結合した構造を持っている。真皮の主な酸性ムコ多糖には、ヒアルロン酸 (hyaluronic acid)、デルマタン硫酸 (dermatan sulfate) が主な成分であり、コンドロイチン硫酸 (chondroitin sulfate) とヘパリン硫酸 (heparin sulfate)、ヘ

パリン (heparin) などが少量存在する（図 1）。

## 3.4. 細胞

### 3.4.1. 線維芽細胞 (fibroblast)

真皮の構成成分である膠原線維、弾性線維、プロテオグリカンを産生する細胞であり、同時にこれらの分解酵素も産生する。真皮の代謝・再生には必須の細胞である。形状は紡錘型をしており膠原線維間に存在する（図 1）。

### 3.4.2. 肥満細胞 (mast cell)

血管周辺に存在し、血管の拡張や血管膜の透過性を制御するいろいろなケミカルメディエーター、サイトカイン、ケモカイン、成長因子を合成、分泌する。肥満細胞は、内部にヒスタミンを貯蔵した顆粒を持ち、外部からの刺激によりヒスタミンを放出する。その結果、皮膚の痒みや炎症が生じる（図 1）。

## 4. 付属器官

## 4.1. 毛器官

毛器官は毛周期と呼ばれる再生と退縮のプロセスを繰り返す。毛周期は成長期 (anagen)、退行期 (catagen)、休止期 (telogen) で構成される。成長期は毛球部の細胞増殖と分化が活発な時期であり、その後、退行期、休止期へ移行し、次の成長期となる。ヒトの毛髪では個々の毛髪で毛周期は異なり、成長期が 3 年から 6 年、退行期が 1 年から 2 年、休止期が 3 か月程度であり、約 90％が成長期にあるといわれている（図 3）。

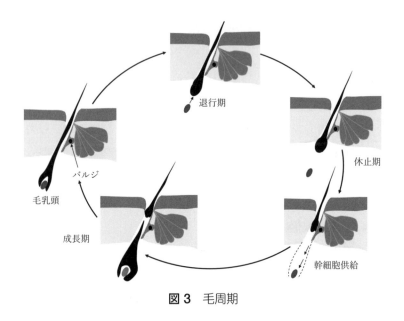

**図 3** 毛周期

　毛髪の毛幹部は、内部から毛髄 (medulla)、毛皮質 (cortex)、毛小皮 (cuticle) で構成される。その外側には内毛根鞘が存在し、内側から内毛根鞘小皮、ハックスレー層、ヘンレ層に分けられる。さらに、その外側には外毛根鞘、結合織性外毛根鞘が存在する。毛包幹細胞はバルジと呼ばれる領域に存在する (図 4)。

## 4.2. 爪

　爪は爪甲、爪母、爪郭、爪床からなる角化組織である。爪母は爪の根元の皮膚の中にあり、爪甲は爪母の細胞増殖と分化によって形成される。形成された爪は爪上皮（いわゆる甘皮）をへて爪半月を形成し、伸張する。爪半月が白く見えるのは、分化が不十分であるからである。伸張した爪（爪甲）は背爪、中

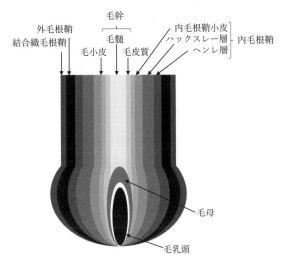

図4　毛の断面

外毛根鞘
結合織毛根鞘
毛小皮
毛髄
毛幹
毛皮質
内毛根鞘小皮
ハックスレー層　内毛根鞘
ヘンレ層
毛母
毛乳頭

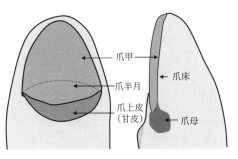

図5　爪の構造

爪甲
爪半月
爪上皮
（甘皮）
爪床
爪母

間爪、腹爪の3層からなる非常に硬い組織で、主成分はケラチンタンパクである。含水量は12%～16%程度である。水分量は外環境に左右され、冬の季節等の乾燥期には、硬く脆くなる。成人の手の爪は一日に0.1mm程度伸びる（図5）。

## 4.3. 脂腺

脂腺は毛包漏斗部につく外分泌腺として形成され、毛包脂腺系と呼ばれるユニットを形成する。毛包脂腺系は手掌と足底以外の全身の皮膚に分布する。

脂腺は皮脂を産生する脂腺小葉と皮脂を毛包へ導く脂腺導管からなる。脂腺小葉の内辺縁部には一層の未分化な脂腺細胞が存在し、分裂、分化により細胞内に合成した皮脂を蓄積する。最終的には皮脂を充満した脂腺細胞は崩壊し、皮脂が導管を伝って毛漏斗部へ分泌される（図1）。

## 4.4. 汗腺

汗腺にはエクリン汗腺とアポクリン汗腺が存在する。

### 4.4.1. エクリン汗腺

エクリン汗腺は1本の管状器官であり、分泌部と汗管から構成されている。分泌部の一端は閉じられており、もう一端が汗管につながっている。エクリン汗腺は全身の皮膚に存在するが、特に手掌、足底、腋窩、前額に多く分布している。高温下で、汗を分泌し、体温を低下させる働きを持つ。また、エクリン汗腺から分泌される汗は角層を潤し、適度な水分量を与える保湿的な働きをする（図1）。

### 4.4.2. アポクリン汗腺

アポクリン汗腺は腋窩、乳暈、外陰部に存在し、性ホルモンの影響により分泌が活発となる。アポクリン汗腺は毛包漏斗部に直結し、アポクリン汗腺から分泌される汗はタンパク質に富み、独特の刺激臭を発する（図1）。

# 第2章　表皮の角化（分化）

## 1. 表皮細胞の角化のダイナミクス

　表皮は皮膚の最外層に存在し、人体を保護するための機能を獲得するために表皮細胞は角化（分化）する。表皮細胞は角化に伴い、基底細胞 (basal cell) から有棘細胞 (spinous cell)、顆粒細胞 (granular cell)、角層細胞 (corneocyte) へと変化し、皮膚の外側へ押し上げられていく。基底層から顆粒層までは、生細胞で構成されているが、角層の角層細胞は死細胞となり細胞内小器官は全て消失する。角化とは、表皮細胞が生体保護機能を獲得するためのプロセスと考えることができる。ここで言う生体保護機能とは、表皮バリア機能であり、皮膚が運動に伴う変化に対応できる柔軟性を示すための角層保湿機能である。

　基底細胞ではケラチン (K:keratin) 5 と K14 がペアーとなって合成されているが、有棘細胞になると K1 と K10 がペアーとなって合成される[1]。角層細胞内では消失した細胞内小器官に代わり線維形成されたケラチンタンパクが充填されている。

　有棘細胞ではインボルクリン (involucrin) が合成され、顆粒細胞へ進むとロリクリン (loricrin)、フィラグリン (filaggrin) や small proline-rich protein (SPRP) が合成される。インボルクリン、ロリクリン、フィラグリン、SPRP は、トランスグルタミナーゼにより架橋され、角層細胞膜の裏打ちタンパク構造

体であるコーニファイドセルエンベロープ (CE: cornified cell envelope) を形成し[2]、角層細胞の内側から角層細胞を補強する。この CE はアニオン界面活性剤であるドデシル硫酸ナトリウム水溶液中で煮ても壊れないほどの強度を示す。角層細胞自身は CE によって補強されることにより、表皮バリア機能の大きな部分を担っている。

　顆粒細胞では、生体保護機能を獲得に重要な層板顆粒 (lamellar granule, lamellar body) とケラトヒアリン顆粒 (keratohyalin granule) が形成される。層板顆粒にはセラミドなどの脂質が蓄えられ、その脂質が角層細胞間に分泌されて表皮バリア機能を発揮する[3,4]。また、ケラトヒアリン顆粒では主にフィラグリンが蓄積される[5,6]。フィラグリンはケラチンタンパクを凝集させケラチン中間径フィラメントを形成する。その後、フィラグリンは、プロテアーゼにより分解されて天然保湿因子 (NMF: natural moisturizing factor) の遊離アミノ酸となり皮膚の保湿機能獲得に働く。

　角層細胞では、核や細胞内器官は消失し、生きた細胞としての活動は停止する。この変化は表皮細胞が死に至る過程であり、一般的なアポトーシスとは異なるがプログラムされた細胞死であることには違いはない。役割の終わった角層細胞は垢となって皮膚表面から脱落する。


## 2. 表皮細胞と角層細胞の接着

　基底細胞は基底膜とヘミデスモソームにより接着し、基底細

胞から顆粒細胞まで細胞同士はデスモソーム (desmosome)、ギャップジャンクション (gap junction)[7]、タイトジャンクション (tight junction)[8] によって接着している。

　デスモソームは、カドヘリンファミリーのデスモグレイン (DSG: desmoglein) とデスモコリン (DSC: desmocollin) の複合体で構成されている。この DSG と DSC の種類は表皮の深さによって変化する。表皮下層のデスモソームは DSG 3 と DSC 3 により構成されるが、上層に向かうに従い構成タンパクは DSG 1 と DSC 1 に変わっていく（図 1）。

　角層細胞になると細胞間の接着はコルネオデスモソーム (corneodesmosome) に変わる。これは DSG 1、DSC 1 とコルネオデスモシン (corneodesmosin) によって構成されている[9]。

　ギャップジャンクションは、コネキシンが組織化することにより管状構造（コネクソン）を形成し、この穴を通して細胞間のイオンや 1 kDa 以下の低分子の選択的なやり取りを行っている接着装置である。

　タイトジャンクションは、顆粒層の表層から数えて第 2 層目に存在し、オクルディンやクラウディン、ZO タンパクなど、複数の構造タンパクによって構成されている。タイトジャンクションは、$Ca^{2+}$ や $Mg^{2+}$ のような低分子化合物のバリアとして働くことが確認されている（図 2）[10]。

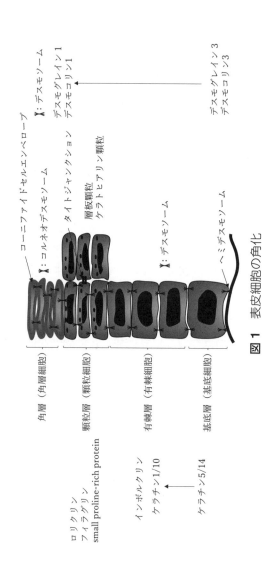

図 1　表皮細胞の角化

コーニファイドセルエンベロープ
χ：コルネオデスモソーム
タイトジャンクション
層板顆粒
ケラトヒアリン顆粒
デスモグレイン 1
デスモコリン 1

χ：デスモソーム
ヘミデスモソーム
デスモグレイン 3
デスモコリン 3

角層（角層細胞）
顆粒層（顆粒細胞）
有棘層（有棘細胞）
基底層（基底細胞）

ロリクリン
フィラグリン
small proline-rich protein

インボルクリン
ケラチン 1/10

ケラチン 5/14

14

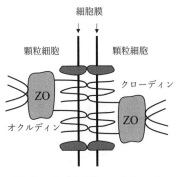

細胞膜

顆粒細胞　　　　　　　顆粒細胞

クローディン

ZO

オクルディン　　　　　ZO

**図2　タイトジャンクション**

## 3. 角層細胞の脱落（剥離）

　表皮終末角化の終焉は、角層細胞の皮膚表面からの脱落である。この脱落はコルネオデスモソームの分解によって進行する。角層には多くのプロテアーゼが存在している。その中でもアスパルティックプロテアーゼであるカテプシン D (CD: cathepsin D)[11] やセリンプロテアーゼであるカリクレイン (KLK: kallikrein)5、KLK7、KLK14 が相補的に働いてコルネオデスモソームの分解を担当している（図3）[12,13]。

　これらのプロテアーゼは層板顆粒に蓄積され、層板顆粒の分泌に伴い角層細胞間へ放出される。各プロテアーゼの酵素活性を発揮するための至適 pH は以下のとおりである。CD の至適 pH は、pH 2〜5 であり、KLK は pH8 付近であるが、その中で KLK7、KLK14 は弱酸性領域においても活性を保持することができる。角層表面の pH は 4.5 から 5.5 であることから考えると、角層表面では CD や KLK7 や KLK14 が関わっていると考

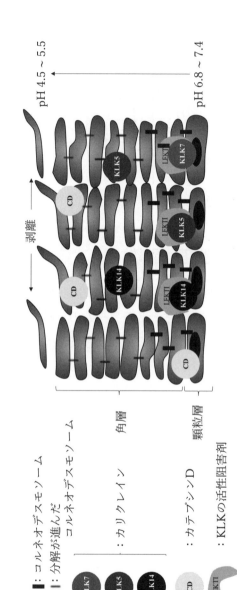

pH 4.5 ~ 5.5

pH 6.8 ~ 7.4

剥離

角層

顆粒層

■：コルネオデスモソーム
∥：分解が進んだ
　　コルネオデスモソーム

：カリクレイン

：カテプシンD

：KLKの活性阻害剤

KLK7　KLK5　KLK14　CD　LEKTI

図3　角層細胞の脱落（剥離）

16

えるのが自然である。

　KLK は、活性化という過程を経てプロテアーゼ活性を発揮する。この活性化は KLK ファミリーが相互に関与している。KLK5 は KLK5 自身を活性化し、さらに KLK7、KLK14 も活性化すること、KLK14 は KLK5 を活性化することが明らかになっている。このように KLK ファミリーはお互いに活性化を行い角層の剥離を行なっている可能性が考えられる[14]。また、KLK には内在性の阻害剤 LEKTI (lympho-epithelial Kazal-type-related inhibitor) が存在し、活性が制御されている[15]。角層の深部では KLK と LEKTI は複合体として存在し、角層表層に近づき pH が低くなるにつれて KLK と LEKTI は解離し、KLK がプロテアーゼ活性を発揮するようになる[16]。

　その他、脂質の硫酸コレステロールはステロイドスルファターゼにより硫酸基を遊離することにより、角層表面の酸性を維持するために働くと考えられている[17]。これは伴性遺伝性魚鱗癬の皮膚病態から示唆される。伴性遺伝性魚鱗癬はステロイドスルファターゼの遺伝的な欠損により発症し、皮膚表層において酸性 pH が維持されず、プロテアーゼの活性が抑制されることにより角層が蓄積する[18]。

　現在、美容皮膚の分野で一般的な施術となっている酸によるケミカルピーリングの作用メカニズムは、角層表面を酸性にすることにより CD の活性化と産生促進作用として説明されている[19]。

# 文献

1. Bragulla HH, *et al. J Anat.* **214**: 516–59. (2009)

2. Eckert RL, *et al. J Invest Dermatol.* **100**: 613–7. (1993)

3. Madison KC, *et al. J Investig Dermatol Symp Proc.* **3**: 80–6. (1998)

4. Raymond AA, *et al. Mol Cell Proteomics.* **7**: 2151–75. (2008)

5. Manabe M, *et al. J Dermatol.* **19**: 749–55. (1992)

6. Dale BA, *et al. J Invest Dermatol.* **88**: 306–13. (1987)

7. Meşe G, *et al. J Invest Dermatol.* **127**: 2516–24. (2007)

8. Niessen CM. *J Invest Dermatol.* **127**: 2525–32. (2007)

9. Ishida-Yamamoto A, *et al. Biochem Biophys Res Commun.* **406**: 506–11. (2011)

10. Kurasawa M, *et al. Biochem Biophys Res Commun.* **406**: 506–11. (2011)

11. Igarashi S, *et al. Br J Dermatol.* **151**: 355–61. (2004)

12. Caubet C, *et al. J Invest Dermatol.* **122**: 1235–44. (2004)

13. Borgoño CA, *et al. J Biol Chem.* **282**: 3640–52. (2007)

14. Emami N, *et al. J Biol Chem.* **283**: 3031–41. (2008)

15. Ishida-Yamamoto A, *et al. J Invest Dermatol.* **124**: 360–6. (2005)

16. Deraison C, *et al. Mol Biol Cell.* **18**: 3607–19. (2007)

17. Ohman H, *et al. J Invest Dermatol.* **111**: 674–7. (1998)

18. Hernández-Martín A, *et al. Br J Dermatol.* **141**: 617–27. (1999)

19. Horikoshi T, *et al. Exp Dermatol.* **14**: 34–40. (2005)

# 第3章 角層形成のプロセス

## 1. 表皮バリア機能の足場：コーニファイドセル エンベロープ

　角層細胞には、脂質により構成される細胞膜が消失し、角層内部から裏打ちタンパク構造が形成される。この裏打ちタンパク構造体をコーニファイドセルエンベロープ (CE: cornified cell envelope) と呼ぶ。この CE の外側にはセラミドによって構築される脂質辺縁層 (corneocyte lipid envelope) が存在する。CE は、有棘細胞によって合成されるインボルクリンや顆粒細胞において合成されるロリクリン、フィラグリン、SPRP (small proline-rich protein) などのタンパクがトランスグルタミナーゼによって架橋されることにより形成される[1]。CE により囲まれた角層細胞の内部にはケラチンタンパクにより形成される中間径フィラメントが充填されている。また、CE の外部には細胞間脂質としてよく知られているセラミドの中の ω-ヒドロキシセラミドがトランスグルタミナーゼの働きによりインボルクリンへエステル結合にて結合される[2]。この結果、角層細胞は疎水的性質を示す。さらに、この脂質層を足場として、後に述べる細胞間脂質ラメラ構造が構築されると考えられている（図1）。

　CE は界面活性剤である SDS（ドデシル硫酸ナトリウム）水

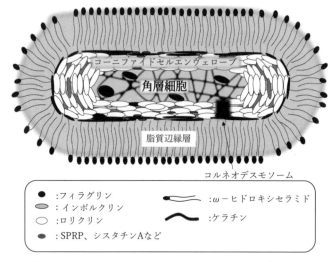

図1 角層細胞のコーニファイドセルエンベロープと脂質辺縁層

溶液内で煮沸処理によっても溶解しないほどの強い構造を持っている[3]。この CE のおかげで私達の皮膚は外部からの物理的、化学的刺激に対して抵抗性を発揮することができる。このように、正しく角化した角層細胞は表皮バリア機能の一端を担うことになる。

## 2. 角層細胞間脂質ラメラ構造と層板顆粒の役割

層板顆粒 (lamellar granule/lamellar body) は有棘細胞層から現れはじめ、主には顆粒層での存在が確認される細胞内小器官である[4]。大きさは 100～300 nm であり内部に層状の構造を持つ楕円形の顆粒である。この層状構造は角層細胞間脂質前駆体であるグルコシルセラミド、スフィンゴミエリンやコ

レステロール、グリセロリン脂質などの脂質で構成されており、内部には β-グルコセレブロシダーゼ、スフィンゴミエリナーゼなどの脂質分解酵素やカリクレイン、カテプシンなどのタンパク分解酵素とその阻害剤 LEKTI (lympho-epithelial Kazal-type-related inhibitor)、角層接着因子であるコルネオデスモシン、抗菌ペプチドである defensin や cathelicidin 分子を含んでいる[5,6]。

　層板顆粒へのグルコシルセラミドの輸送には ABCA ファミリータンパクのひとつである ABCA12 が関与している。ABCA12 は Golgi 装置内部から層板顆粒へ脂質を輸送し層板顆粒内部の脂質構造体を形成させる[7]。ABCA12 の機能不全による層板顆粒の異常は、表皮バリア機能異常をきたすハレークイン魚鱗癬の発症原因となる[8]。

　層板顆粒は、終末角化において顆粒細胞膜と融合し、内容物は細胞外へ分泌される。細胞外へ分泌後、グリセロリン脂質はホスホリパーゼ $A_2$ により分解され脂肪酸をグルコシルセラミド、スフィンゴミエリンはセラミドを提供し、角層細胞間脂質のラメラ構造を形成する[9]。また、角層細胞の脱落（剥離）過程に重要な役割を果たすタンパク分解酵素を角層細胞間へ供給する（図 2）[10]。

## 3.　角層細胞間脂質

　角層細胞間脂質は前述のように層板顆粒由来の脂質であり、セラミド（重量比約 50%）、コレステロール (25%)、脂肪酸

（10〜25%）によって構成される。これらの脂質が、細胞膜のような脂質二重膜（シート）を形成し（細胞膜の場合は、閉鎖脂質二重膜であるが）、この脂質二重膜が 10〜20 層程度積み重なった層状構造体を角層細胞間に形成する。この層状構造のことをラメラ構造という（図 2）。このラメラ構造体の縦方向には約 13 nm の長周期構造と約 6 nm の短周期構造の繰り返しで存在している[11]。また、横方向には 0.41 nm 等間隔でパッキングされたヘキサゴナル構造と 0.37 と 0.41 nm 間隔でパッキングされたオルソロンビック構造が広角 X 線回折の結果から確認されている。物質の透過性を考えた時にはオルソロンビック構造によるパッキング状態が低透過性を示す[12]。このことから、表皮バリア機能の発現には、ラメラ構造体がオルソロンビック構造をとることが大切であると考えられている。

## 3.1. セラミド

　セラミドは長鎖塩基であるスフィンゴシンと脂肪酸で構成されるアミド化合物であり、物理化学的には両親媒性化合物である。

　セラミドの生合成は、スフィンゴシンの合成から開始される。スフィンゴシンはセリンとパルミトイル-CoA からセリンパルミトイルトランスフェラーゼ (SPT: serine palmitoyl transferase) により合成される[13]。その後、セラミド合成酵素 (cermide synthase) により脂肪酸がアミド結合することによりセラミドとなる。また、層板顆粒に蓄積されているグルコシルセラミドやアシルグルコシルセラミドから β-セレブロシ

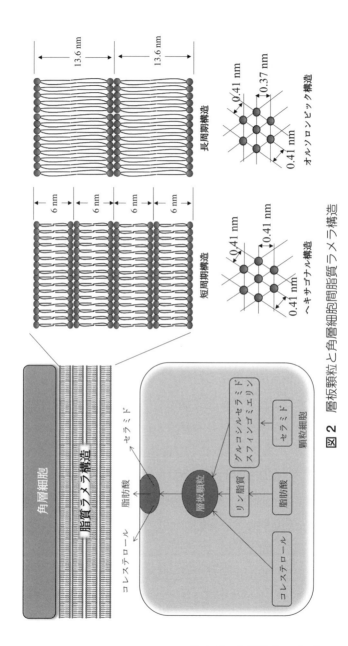

**図2** 層板顆粒と角層細胞間脂質ラメラ構造

ダーゼにより、またスフィンゴミエリンからスフィンゴミエリナーゼによりセラミドが生成される[14,15]。

　セラミドは現在では 12 種類の骨格の存在が確認されている（表 1）。ω 位に水酸基を持つセラミド構成脂肪酸とリノール酸がエステル結合したアシルセラミド（セラミド 1(EOS)、セラミド 4(EOH)、セラミド 9(EOP)）は、細胞間脂質ラメラ構造をつなぎとめ安定化させる働きを持っている[16]。

## 4. 表皮保湿機能に重要な役割を果たすケラトヒアリン顆粒とフィラグリン

　ケラトヒアリン顆粒はプロフィラグリンが主要な構成成分である顆粒細胞内顆粒である[17,18]。フィラグリンは、ケラチンタンパクを線維状に組織化した後、プロテアーゼで分解され天然保湿因子の構成成分である遊離アミノ酸を産生する（図 3）。

　プロフィラグリンは、リン酸化フィラグリン分子が 10 から 12 分子リンカーペプチドで結合した分子量 500 kDa の巨大分子である。プロフィラグリンは角化の最終ステージでリンカーペプチドが切断されフィラグリンとなる。プロフィラグリンは、まず Phosphatase 2A の作用により脱リン酸化された後、Furin、Profilaggrin endoproteinase 1、calpain I、skin-specific retroviral-like aspartic protease (SASPase) などによりフィラグリン分子が切り出される[19,20]。その後、フィラグリン分子は、ケラチン線維間を充填しケラチン線維を凝集させる[21]。フィラグリン分子は、peptidyl arginine deimidase

表 1 セラミドの種類と構造

| | Non-hydroxy fatty acid (N) | α-hydroxy fatty acid (A) | Esterified ω-hydroxy fatty acid (N) |
|---|---|---|---|
| Dihydrosphingosine (DS) | CER (NDS) | CER (ADS) | CER (EODS) |
| Sphingosine (S) | CER (NS) | CER (AS) | CER (EOS) |
| Phytosphingosine (P) | CER (NP) | CER (AP) | CER (EOP) |
| 6-hydroxyl sphingosine (H) | CER (NH) | CER (AH) | CER (EOH) |

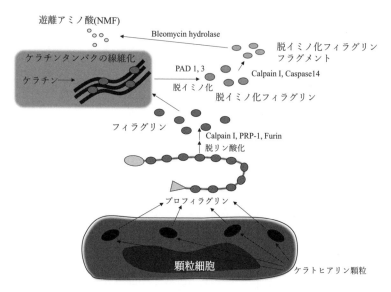

図3　ケラトヒアリン顆粒とフィラグリン　フィラグリンからNMF

(PAD)1 あるいは PAD 3 により脱イミノ化され、calpain I や caspase14 により脱イミノ化フィラグリンフラグメントに分解される。さらに、Bleomycin hydrolase により遊離アミノ酸に分解され、天然保湿因子として角層の水分保持作用を発揮する[22]。

## 5. 表皮バリア機能とフィラグリン

　フィラグリンと表皮バリア機能との関係が注目されたのは、表皮バリア病といわれているアトピー性皮膚炎との関係が報告されてからである[23]。プロフィラグリンは *FLG* 遺伝子にコードされている。*FLG* 遺伝子の変異が、約 20%のアトピー性皮

膚炎患者に発見されている。同様に尋常性魚鱗癬の責任遺伝子として FLG 遺伝子の変異が同定されている。

この FLG 遺伝子の変異は、顆粒層の菲薄化や消失を生じ、表皮バリア機能の低下を引き起こす。フィラグリンと表皮バリア機能との関係は、FLG 遺伝子を欠損させた表皮細胞で構築した再生表皮モデルや caspase14 を欠損させた動物実験系で確認されている。FLG 遺伝子を欠損させた再生表皮モデルでは、色素浸透性が高くウロカニン酸の濃度低下と UVB によるアポトーシスが増加する[24]。一方、caspase14 はフィラグリンの代謝に関係する酵素である。Caspase14 を欠損させたマウスでは、正常マウスと比較して皮膚表面水分量の低下、TEWL の上昇、UVB 照射による DNA の損傷が多く観察されている。これらのマウスのプロフィラグリンの代謝では正常マウスでは観察されないフィラグリン由来の低分子フラグメントが存在する[25]。

フィラグリンはケラチン線維の凝集とこれらの実験事実からフィラグリンの正常な生成と正常な代謝が表皮バリア機能獲得に重要な役割を果たしていることが考えられる。


# 6. 天然保湿因子 (NMF: natural misturizing factor)

角層には NMF が存在し、角層の水分保持に働いており、角層の柔軟性や皮膚の pH にも関与している。NMF は遊離アミノ酸（約 40%）、ピロリドンカルボン酸（PCA: 約 12%）、乳酸

（約12%）、尿素（約7%）、無機イオンなどで構成されている。特に、乳酸とカリウムが角層水分量と角層の柔軟性を高めている[26]。

## 文献

1. Eckert RL, *et al. J Invest Dermatol.* **100**: 613–7. (1993)

2. Stewart ME, *et al. J Lipid Res.* **42**: 1105–10. (2001)

3. Sun TT, *et al. J Biol Chem.* **253**: 2053–60. (1978)

4. Odland GF, *et al. Curr Probl Dermatol.* **9**: 29–49. (1981)

5. Madison KC, *et al. J Investig Dermatol Symp Proc.* **3**: 80–6. (1998)

6. Raymond AA, *et al. Mol Cell Proteomics.* **7**: 2151–75. (2008)

7. Akiyama M. *Dermato-Endocrinology* **3**: 107–112. (2011)

8. Umemoto H, *et al. J Dermatol Sci.* **61**: 136–9. (2011)

9. Menon GK, *et al. J Invest Dermatol.* **102**: 789–95. (1994)

10. Grubauer G, *et al. J Lipid Res.* **30**: 89–96. (1989)

11. Hatta I, *et al. Biochim Biophys Acta.* **1758**: 1830–6. (2006)

12. Bouwstra JA, *et al. J Lipid Res.* **42**: 1759–70. (2001)

13. Harris IR, *et al. J Invest Dermatol.* **109**: 783–7. (1997)

14. Imokawa G. *J Dermatol Sci.* **55**: 1–9. (2009)

15. Zhang L, *et al. J Biotechnol.* **123**: 93–105. (2006)

16. Bouwstra JA, *et al. Biochim Biophys Acta.* **1758**: 2080–95. (2006)

17. Manabe M, *et al. J Dermatol.* **19**: 749–55. (1992)

18. Dale BA, *et al. J Invest Dermatol.* **88**: 306–13. (1987)

19. Sandilands A, *et al. J Cell Sci.* **122**: 1285–94. (2009)

20. Matsui T, *et al. EMBO Mol Med.* **3**: 320–33. (2011)

21. Lynley AM, *et al. Biochim Biophys Acta.* **744**: 28–35. (1983)

22. Kamata Y, *et al. J Biol Chem.* **284**: 12829–36. (2009)

23. McGrath JA, *et al. Trends Mol Med.* **14**: 20–27. (2008)

24. Mildner M, *et al. J Invest Dermatol.* **130**: 2286–94. (2010)

25. Denecker G, *et al. Nat Cell Biol.* **9**: 666–74. (2007)

26. Nakagawa N, *et al. J Invest Dermatol.* **122**: 755–63. (2004)

# 第4章　表皮が獲得する機能

## 1.　皮膚の最も重要な機能：バリア機能

　表皮の最も外側に位置する角層には、外部環境の変化に対応する機能が備わっている。その機能にはバリア機能と水分保持機能がある。

　バリア機能とは、外部からの刺激や異物の侵入に対する障壁として働く機能と、体内からのいろいろな物質の体外への漏出を防止する機能を意味する（図1）。外部からの刺激や異物に対しては温度、湿度、紫外線、化学物質、細菌やウイルスなどの病原体や病原体由来の毒素などがある。体内からの漏出する物質のもっとも大切なものは、水である。

## 2.　バリア機能を発現する仕組み

　このバリア機能は、異物に対する物理的な障壁として機能するバリア機能と生理学的に機能するバリア機能に分けることができる。

　物理的なバリア機能を発現する仕組みとして、最もよく知られているものが、角層細胞と角層細胞間脂質ラメラ構造体、そしてタイトジャンクションである。角層の障壁は、外部からの化学物質の体内への侵入を抑制し、分子量18程度の水分子の

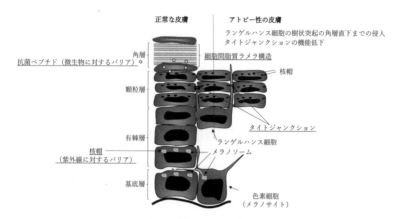

図1　表皮が獲得するバリア機能

侵入でさえ制限する機能がある。角層を通過できる物質の分子量については、さまざまな見解があるが一般的には分子量500辺りが角層からの侵入のボーダーラインと考えられている。

　一方、生理学的に機能するバリア機能とは、物理的な障壁を乗り越えて皮膚内部へ侵入してきた物質や病原体に対応して、生体反応として抵抗する機能である。

　この役割を担うものとしてランゲルハンス細胞と抗菌ペプチドが挙げられる。

## 3. 角層細胞と細胞間脂質ラメラ構造体とバリア機能の指標 TEWL

　スキンケアの観点から考えると、身体内部からの水蒸散に対するバリア機能が最も重要なバリア機能である。

　私たちの皮膚表面からは絶えず水が蒸散している。この水

分蒸散のことを古くは不感知蒸泄と呼んでいたが、現在では、trans epidermal water loss (TEWL) と呼ばれることが一般的になっている。この水分の蒸散は角層を通過して蒸散する水のことであり、皮膚に存在する汗腺からの汗の分泌とは区別される。よって、汗腺機能が働かないと考えられている温度 20°C から 22°C、湿度 50%以下において測定される TEWL が表皮バリア機能を表す指標となる。

皮膚のバリア機能を破壊する手段として、テープストリップによる皮膚表面角層の除去、アセトン－エーテルのような有機溶媒、SLS のような界面活性剤による脱脂質処理が用いられる。このような処理により TEWL は上昇することから、間接的な証明ではあるがバリア機能に角層細胞と細胞間脂質ラメラ構造体が関与していることが理解される。

## 4. 紫外線に対するバリア機能

紫外線に対するバリア機能を担うのは角層細胞自身である。UVB の照射は、表皮細胞（ケラチノサイト：keratinocyte）の核にシクロブタン型ピリミジンダイマー (CPD) を生成させる。この CPD の生成頻度は、角層細胞をテープストリップ法によって剥離除去することにより増加する[1]。また、メラノサイトが産生するメラニン色素も紫外線に対するバリアとして働くことが知られている。表皮細胞へメラノサイトから移送されたメラニン色素は、表皮細胞の核上に配置され紫外線曝露を妨げるフィルターとして働く。このような核の配置を、核が帽子

を被るように見えるため核帽と呼ばれる。

　また、ヒスチジンが histidase により脱アミノ化されることにより生成される trans-ウロカニン酸 (UA) が角層に存在する。trans-UA は 264 nm に吸収極大を持ち、角層内では天然の UV 吸収剤として働くと考えられている[2]。実際に、5%t-UA 配合クリームは UVB による MED（最少紅斑量）を上昇させる[3]。

　しかしながら、trans-UA は、UVB を吸収することにより cis-UA へ異性化する。cis-UA は免疫抑制効果があることが知られている。


## 5.　表皮バリア機能におけるタイトジャンクションの役割

　顆粒層に存在するタイトジャンクション (TJ) は、低分子化合物や $Ca^{2+}$ や $Mg^{2+}$ のような金属イオンの有棘層以下への侵入に対する障壁として働いている。

　インターセルに培養したケラチノサイトを分化させ TJ を形成させる。インターセル内部の培養液とインターセルの外側の培養液間の電気抵抗を測定する。TJ がしっかりと形成されている場合は、$Ca^{2+}$ や $Mg^{2+}$ のような金属イオンの通過が抑制されることから、電気抵抗値が高くなるが、TJ が未熟な場合は金属イオンの通過が容易となることから電気抵抗値は低くなる。また、マウス表皮や再構築表皮モデルにおいてビオチン標識マーカーの角層への侵入が TJ によって阻害されること、さらには TJ の形成阻害剤であるカプリン酸ナトリウム（C10 の

直鎖脂肪酸）の添加によりビオチン標識マーカーの角層への侵入が観察される[4~6)]。

さらに、TJ 構成タンパクである claudin-1 の欠損マウスでは表皮異常乾燥による個体死と、ヒトでも魚鱗癬を伴う皮膚疾患を誘導することが確認されている[7)]。このような結果から、TJ が表皮バリアとして働いていることが証明される。

また、TJ は、Toll like receptor (TLR) によって制御されていることが明らかにされている[9)]。TLR は病原体の体内への侵入を認識するセンサーとしての働きを持っている。TLR が異物の侵入を感知した場合、TJ の形成を強化し、異物の内部へ侵入を阻止するように働く。表皮バリア病として認知されているアトピー性皮膚炎患者においても TJ の機能不全が確認されている[8)]。一方、アトピー性皮膚炎患者には TLR2 の発現低下が認められている[9)]。TLR2 は、S. aureus 由来のペプチドグリカンの刺激により TJ 構成タンパク、claudin-1, claudin-23, occludin と ZO-1 (Zonulae occludens 1) の発現を亢進し、TJ の形成を促進する[10)]。 これらの事実をまとめると、アトピー性皮膚炎患者の表皮バリア機能低下は TLR2 の発現低下による TJ の形成不全が、その一因となって発生することが考えられる。


# 6. 表皮バリア機能におけるランゲルハンス細胞の役割

異物に対する生理学的バリア機能を表皮において担うものが

表皮内樹状細胞であるランゲルハンス細胞である。ランゲルハンス細胞は表皮有棘層に存在し、樹状突起を表皮細胞の間隙に伸ばしている。この樹状突起はすべて皮膚表面に向かっている。樹状突起には異物を認識するセンサーとして langerin が存在し、これが表皮への異物侵入を認識することによりランゲルハンス細胞は活性化され、C-C chemokine receptor type 7 (CCR7) 依存性に表皮から真皮に移動してリンパ管経由でリンパ節まで遊走し、Th1 細胞や Th2 細胞のもとになる native T 細胞に抗原提示を行うと考えられている[11]。MHC class II 抗原が低発現状態にある休止期のランゲルハンス細胞は、樹状突起も含めた細胞の母体すべてが TJ の下方に存在しているが、アトピー性皮膚炎のように MHC class II 抗原を高発現した活性化ランゲルハンス細胞の樹状突起は、TJ を突き抜けて角層直下にまで伸長していることが報告された[12]。さらに、この樹状突起が TJ を通過し角層直下まで伸長している場合でも TJ 構造が構築されており、低分子化合物の侵入を阻止している。しかしながら、langerin が TJ を突き抜けた樹状突起の先端に発現しているため、TJ を通過できないような低分子さらには高分子の化合物でも、ランゲルハンス細胞に認識されうるという可能性を示している[13]。このことは、角層を通過しさえすれば、異物はランゲルハンス細胞に認識され生体防御反応が働くことを意味している。

## 7. 病原体に対するバリア機能

　病原体に対するバリア機能を担う仕組みは、角層の恒常的な脱落も病原体に対するバリア機能のひとつとして働き、病原体の皮膚への付着と増殖を妨げている。さらに、皮膚表面の弱酸性（pH < 5.5）も、多くの微生物にとっては生育しにくい環境を形成している。また、皮膚常在菌の存在も病原性微生物の皮膚表面での生育を阻害する因子となっている。

　角層には病原体を殺菌する作用を示す抗菌ペプチド (AMPs: Antimicrobial peptides) が存在する。AMPs は、12 から 50 アミノ酸残基によって構成される比較的分子量の低い陽イオン電荷をもつ両親媒性のペプチドである。つまり、AMPs は、抗菌剤として働く、陽イオン界面活性剤と同じような構造を持っている。

　これまで 1200 種類以上の抗菌ペプチドが同定されているが、皮膚にはその中の 20 種以上の AMPs の存在が確認されている。皮膚で確認されている代表的な AMPs には β-ディフェンシン（β-defensins: hBD（ヒトの場合、頭に human の h をつける））、カテリシジン (cathelicidin: hCAP18)、S100 proteins、RNase 7、lysozyme、elafin、neutrophil gelatinase-associated lipocalin などがある[14]。

　この中で hBD-1、hBD-2、hBD-3 と hCAP18 が最もよく知られている。これらは表皮細胞で産生され、層板顆粒に貯蔵されて角層細胞間へ放出される[15]。hBD-2 と hBD-3 は微生物やサイトカインによって合成が促進される[16,17]。

一方、hCAP18 は vitaminD によって発現が誘導され、その後、いろいろなプロテアーゼにより抗菌作用を持つ LL-37 のようなペプチドへ分解される。

　AMPs の発現は、物理バリア機能と連動した挙動を示す。マウス皮膚ではテープストリップによる角層除去やアセトンを用いた脱脂質処理による一過性のバリア破壊、あるいは必須脂肪酸欠損食飼育による慢性的なバリア機能の低下により、mBD（マウスの場合、頭に mouse の m をつける）の発現が上昇することが確認されている。さらに、閉塞処理による人工的なバリア機能の回復により、mBD の発現上昇は元に戻る[18]。

　また、皮膚からの細菌感染は AD の合併症の一つの原因であり、その原因のひとつとして hBD-2 や LL-37 の発現低下が考えられる。しかしながら、AD において LL37、hBD-2 と hBD-3 の発現が低下しているという報告[19] と、AD 患者の非疹部と健常人皮膚における hBD と LL-37 のレベルには差がないとの矛盾する報告もある[20]。現状では、AD の感染症と AMPs の関係については未だ決着を見ていない。

　AMPs の発現は皮膚の水分量と関係を示唆する報告がなされている[21]。保湿剤として医薬部外品、化粧品に配合されている尿素は、表皮細胞内へ尿素トランスポーター UT-A1、UT-A2 とアクアポリン 3、7、9 により移送され、transglutaminase-1、involucrin, loricrin、filaggrin、epidermal lipid synthetic enzymes、cathelicidin/LL-37 と β-defensin-2 の発現を促進することにより物理的バリア機能と病原体に対するバリア機能の両方を改善する。これらの報告は皮膚保湿の重要性を示すも

のである。

## 文献

1. Denecker G, *et al. Nat Cell Biol.* **9**: 666–74. (2007)

2. de fine Olivarius F, *et al. Photodermatol Photoimmunol Photomed.* **12**: 95–9. (1996)

3. Hanson KM, *et al. J Am Chem Soc,* **119**, 2715. (1997)

4. Yamamoto T, *et al. Arch Dermatol Res* **300**: 61–8. (2008)

5. Furuse M, *et al. J Cell Biol* **156**: 1099–111. (2002)

6. Kurasawa M, *et al. Biochem Biophys Res Commun* **381**: 171–5. (2009)

7. Hadj-Rabia S, *et al. Gastroenterology* **127**: 1386–90. (2004)

8. Kuo IH, *et al. J Allergy Clin Immunol.* **131**: 266–78. (2013)

9. De Benedetto A, *et al. J Invest Dermatol.* **129**: 14–30. (2009)

10. Kuo IH, *et al. J Invest Dermatol.* **133**: 988–98. (2013)

11. Merd M, *et al. Nat. Rev. Immunol.* **8**: 935–947. (2008)

12. Kubo A, *et al. J. Exp. Med.* **206**: 2937–46. (2009)

13. 久保亮治, *Jpn. J. Clin. Immunol.* **3**: 76–84. (2011)

14. Lai Y, *et al. Trends Immunol.* **30**: 131–141. (2009)

15. Braff MH, *et al. J Invest Dermatol* **124**: 394–400. (2005)

16. Liu AY, *et al. J Invest Dermatol* **118**: 275–81. (2002)

17. Lai Y, *et al. J Invest Dermatol* **130**: 2211–21. (2010)

18. Jensen JM, *et al. Exp Dermatol.* **20**: 783–8. (2011)

19. Ong PY, *et al. N Engl J Med* **247**: 1151–60. (2002)

20. Goo J, *et al. Pediatr Dermatol.* **27**: 341–8. (2010)

21. Grether-Beck S, *et al. J Invest Dermatol.* **132**: 1561–72. (2012)

# 第5章　皮膚の乾燥と敏感肌

## 1．皮膚の乾燥とは

　皮膚の乾燥は、表皮バリア機能低下や NMF 成分などの減少による角層内水分量の低下として認識され、外環境の湿度の影響によっても発生する。よって、季節的には低湿度の冬期に高い頻度で乾燥性皮膚は発生する。また、最近では夏期においてもエアーコンディショニングの常用により、私達の周りには低湿度環境が発生している。よって、皮膚は年間を通じて乾燥の危険にさらされていることになる。皮膚の乾燥状態は、表面状態の変化からも確認することができる。皮膚には皮溝皮丘からなる肌理が存在する。良好な皮膚状態では肌理は毛穴を中心に放射状に皮溝が異方性に伸び、小さな三角形が集まったように見える。しかしながら、乾燥状態にある皮膚では肌理は等方性になり、一定の方向に流れ、さらに皮溝が浅くなり不明瞭となる。状態が悪くなると白く粉をふいたような落屑が観察される。さらに、水を含ませたコットンで皮膚に水分を付与すると、直線ジワが浅くなることが確認され、乾燥が小ジワを強調させる可能性を示唆している。

　また、湿度環境の変化が表皮角化へ以下のように影響を及ぼすことが報告されている。低湿度環境で飼育したマウスはフィラグリンの発現減少による NMF の合成低下に由来する皮膚表

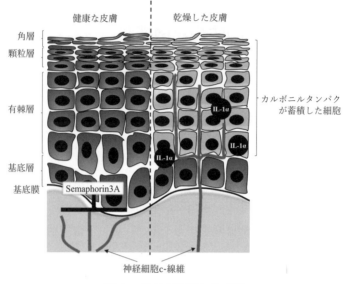

健康な皮膚　　　　乾燥した皮膚

角層
顆粒層

有棘層

カルボニルタンパク
が蓄積した細胞

基底層
基底膜

Semaphorin3A

神経細胞c-線維

**図1　皮膚の乾燥と敏感肌**

面水分量の低下が生じる[1]。また、キモトリプシンタイプの角層
剥離酵素 KLK7 の活性低下が生じ、コルネオデスモソームの分
解が低下し角層の剥離が進行せず、角層の肥厚が生じる[2]。一
方、ヒトでも乾燥性皮膚から採取した角層細胞には炎症性サイ
トカインのひとつである interleukin-1α (IL-1α) のレセプター
アンタゴニスト (IL-1RA) と IL-1α の比 (IL-1RA/IL-1α) が高い
こと、未成熟な CE（コーニファイドセルエンベロープ）の存
在が報告されている[3]。これは、乾燥性皮膚内部では IL-1α に
よって惹起される紅斑反応を伴わない程度の微弱炎症が生じて
いること、乾燥性皮膚では表皮の角化が正常に進行していない
ことを示している（図1）。

　さらに乾燥性皮膚から採取した角層には酸化タンパクの一種

であるカルボニルタンパクが多く検出される[4]。これは、乾燥性皮膚の内部で酸化ストレスが高まっている結果、あるいは乾燥により剥離メカニズムが進行せず角層細胞が長く皮膚表面に残留した結果によって生じている可能性が考えられる（図1）。

## 2. 皮膚の乾燥は皮膚の乾燥を引き起こす

前述のように皮膚の乾燥は、IL-1RA/IL-1α の上昇と角層カルボニルタンパクの増加を誘導する。角層カルボニルタンパクと皮膚表面水分量は負の相関、TEWL とは正の相関関係が確認されており[5]、カルボニル化したタンパク質の結合水が低下することから[6]、乾燥により生じたカルボニルタンパクがさらに乾燥を助長継続させる可能性が考えられる。

## 3. 界面活性剤（SLS：ラウリル硫酸ナトリウム）による皮膚の乾燥

洗浄剤の主剤である SLS は、皮膚の乾燥を誘導し、荒れ肌を引き起こす。これは、洗浄により角層細胞間脂質や NMF の流出を促進することが原因と考えられている。このような症状は、手洗い回数の多い主婦、看護師、調理師や理美容師によく見られ、重篤なケースでは手湿疹を発症する。

化粧品分野では、人工的に荒れ肌状態を作成するときに SLS をよく使用する。0.5%程度の SLS を単回閉塞パッチすることにより荒れ肌を作成する。また、0.1%の SLS を 1 日 6 時間、

週 4 日を 3 週間継続すると、高い TEWL、低い皮膚表面水分量を示し、角層細胞では IL-1RA/IL-1α と IL-8 が高い頻度で検出されている[7]。

## 4. 皮膚の乾燥と敏感肌

乾燥性皮膚では痒みを伴うことはよく知られている。加齢者の四肢で冬期によくみられる老人性乾皮症 (senile xerosis) も乾燥による掻痒である。この掻痒感は、通常、表皮真皮境界部に存在する神経細胞の C 線維からなる知覚神経終末が刺激により活性化され、生じた活動電位が脊髄、脊髄視床路、視床を経由して大脳皮質の感覚野に達することにより感じる感覚である。

乾燥性皮膚では、このような刺激に対する感受性が亢進していることが考えられる。マウス皮膚へのアセトン処理は、TEWL の亢進と皮膚表面水分量の低下という典型的な乾燥性皮膚の症状を誘導する。この状態の皮膚では、真皮乳頭層辺りに存在する神経細胞 C 線維の終末が、アセトン処理に依存して表皮内への侵入していることが観察されている (図 1)。この侵入に先立ち NGF (nerve growth factor) と EGF (epidermal growth factor) ファミリーの一つである amphiregulin の mRNA とタンパクレベルの上昇、semaphorin3A の低下が確認されている[8]。NGF は神経細胞 C 線維の伸長を誘導し、semaphorin3A はその伸長を抑制する因子である。アセトン処理による皮膚の乾燥が NGF と semaphorin3A のバランスを壊すことが，乾燥による感覚刺激に対する感受性過敏のメカニズムの一つとし

て考えられる。

C 線維には、温感、冷感、熱感、ヒリヒリ感、チクチク感といった感覚刺激の受容体として皮膚では機能している。化粧品による感覚刺激には、化粧品塗布時に感じるスティンギング (stinging) 刺激があり、この感覚刺激も C 線維を介しているといわれている。この刺激感は、transient receptor potential channel (TRPC) を介した細胞内への $Ca^{2+}$ の流入により惹起されることが明らかにされつつある[9]。

敏感肌とは、この刺激に対して敏感な肌として定義されており、刺激感を惹起する外部からの物理的な刺激としては紫外線、温熱、寒冷、化学的な刺激としては化粧品、洗浄剤、水や大気汚染、内因的な刺激としては心理的ストレス、月経周期などのホルモンバランスの変化などがある[10~13]。

## 5. スティンギング刺激

敏感肌であると自己申告する人は非常に多く、年々増えていく傾向にある。敏感肌はあくまで感覚刺激に対して過敏な肌状態であり、本当に肌が弱い（肌荒れしやすい）という肌状態を示しているわけではない。自分が敏感肌であると感じてしまう原因のひとつにスティンギング刺激がある。スティンギング刺激とは、製品を使った時に最初に感じるピリピリ・ヒリヒリとした一過性の感覚刺激のことであり、皮膚一次刺激のように紅斑のような炎症反応を伴わない。よって、製品を洗い流して取り除いてしまえば、その刺激感はなくなる。ところが、スティン

ギング刺激は製品を使って最初に感じる違和感であるため、「この製品は自分にあわない」との製品の第一印象に繋がり、商品価値を低下させる一因ともなる。スティンギング刺激は、全てのヒトが感じるわけではなく、この刺激感を感じるのは 20％から 30％程度のヒトである。スティンギング刺激を感じる人をスティンガーといい、これらの人は皮膚バリア機能が弱いという報告もある。

スティンギング刺激の原因となる物質には、パラベン、乳酸、クエン酸などの酸類、オクタンジオールなどのポリオール類、香料などがある。パラベンのスティンギング刺激性の順はブチル＞プロピル＞エチル＞メチルとなり、脂溶性が高いほど低濃度でスティンギング刺激を感じる[14]。また、直鎖アルコールでもスティンギング刺激をひきおこし、オクタノールが最も刺激が強いことがわかっている。

スティンギング刺激を感じる作用機序の詳細はわかっていない。パラベン類については、神経細胞を用いた実験において細胞のカリウム電流を阻害することによって膜電位に変化をもたらすことが作用機序の一因として報告されている[15]。また、一級アルコール類は神経細胞の Transient receptor potential ankyrin 1 (TRPA1) を活性化することが報告されている[16]。これらの報告は、表皮バリア機能を通過したある種の化合物が、角層の下にある神経終末に作用して、スティンギング刺激を引き起こすことを示唆している。

以上のことから、刺激を受け取る神経の感受性の高い低いの個人差はあるものの、バリア機能の弱い人ほどスティンギング

刺激を感じやすいと考えられる。

## 文献

1. Katagiri C, *et al.* *J Dermatol Sci.* **31**: 29–35. (2003)

2. Watkinson A, *et al.* *Arch Dermatol Res.* **293**: 470–6. (2001)

3. Kikuchi K, *et al.* *Dermatology.* **207**: 269–75. (2003)

4. Kobayashi Y, *et al.* *Int J Cosmet Sci.* **30**: 35–40. (2008)

5. Fujita H, *et al.* *Skin Res Technol.* **13**: 84–90. (2007)

6. Iwai I, *et al.* *Skin Pharmacol Physiol.* **21**: 269–73. (2008)

7. De Jongh CM, V *et al.* *Contact Dermatitis.* **54**: 325–33. (2006)

8. Tominaga M, *et al.* *J Dermatol Sci.* **48**: 103–11. (2007)

9. Campero M, *et al.* *J Physiol.* **587**: 5633–52. (2009)

10. Pons-Guiraud A. *J Cosmet Dermatol* **3**: 145–8. (2005)

11. Muizzuddin N, Marenus KD, Maes DH. *Am J Contact Dermat* **9**: 170–5. (1998)

12. Frosch PJ, *et al.* *J Soc Cosmet Chem* **28**: 197–209. (1977)

13. Berardesca E, *et al.* Sensitive Skin Syndrome. *New York: Taylor & Francis;* 2006. p. 1–6.

14. 藤井政志他, 粧技誌 **22**: 229–235. (1989)

15. Komatsu T, *et al.* *Pflugers Arch.* **463**: 549–59. (2012)

16. Inoue K, *et al.* *Toxicol In Vitro.* **10**: 455–62. (1996)

# 第6章　太陽光線が皮膚生理に及ぼす影響

## 1. 太陽光線とは

　太陽光線には、波長の短いほうから紫外線、可視光線、赤外線が含まれている。紫外線は短波長紫外線 (UVC: 200〜280 nm)、中波長紫外線 (UVB: 280〜320 nm)、長波長紫外線 (UVA: 320〜400 nm) の3つに分けられる。さらに、UVA は UVAII (320〜340 nm) と UVAI (340〜400 nm) に分けられている。可視光線は 400 nm から 780 nm、赤外線は 780 nm より長い光線の総称になる。

　UVC と UVB の低波長部分 280〜290 nm は、成層圏のオゾン層で吸収されて、地上には到達しないことから、私たちが浴びる太陽光線は 290 nm 以上の光線となる。また、赤外線は 2500 nm まで地上に到達している。

　太陽光線の皮膚への侵入度は、UVB は真皮乳頭層辺りまで、UVA は真皮中層、可視光線、赤外線は皮下組織まで侵入する（図1）。

## 2. 私たちに必要な太陽光線

　ビタミン D は、骨・カルシウム代謝に重要なビタミンであり、不足するとくる病（骨の変形、骨折）や低カルシウム血症

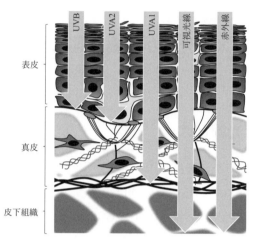

**図1** 太陽光線の皮膚への侵入度

によるけいれんなどを引き起こす。また、最近ではビタミンD
の骨外作用も注目されており、欠乏状態にある人では悪性腫瘍
や神経系の難治疾患の発症頻度が高いことが報告されている。
本来、ビタミンDは食事から摂取される他に、日光の働きに
よって皮膚で合成される。

　最近、母乳栄養児と人工栄養児を比較すると、ビタミンD欠
乏症の発症頻度が、母乳栄養児に高いことが注目されている。
また、その発症頻度は4月から5月の出生児に高く、11月出
生児に低いことから、妊婦の太陽光への曝露量が原因ではない
かと考えられている。

　この現象には、日焼け止めの多用、極端に日光を避けるライ
フスタイルなどが関係している可能性が指摘されている。

　やはり、日中10分から15分程度の日光浴は必要なのであ
ろうか。

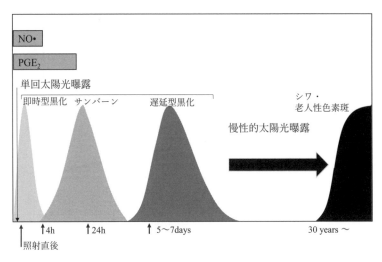

図2 太陽光線曝露後の皮膚反応

## 3. 過剰に太陽光線を浴びた時の外観的皮膚反応

外観的変化として認識できる急性皮膚反応としては、紅斑反応（サンバーン：sunburn）と黒化反応 (suntan) がある（図2）。さらに黒化反応は、即時型黒化反応と遅延型黒化反応がある。

UVB は、紅斑反応と遅延黒化反応を引き起こす。紅斑反応では、290 nm の光が最も紅斑を起こしやすく波長が長くなるに従い紅斑生成への寄与は低くなる。この波長に依存した紅斑生成能の変化は、紅斑効果曲線として表されている（図3）[1]。紅斑が消退後、メラニン合成が刺激され遅延型黒化反応へ移行していく。UVB による紅斑の生成には、活性酸素の一種である一酸化窒素ラジカル (NO•) とプロスタグランジン $E_2$(PGE$_2$)

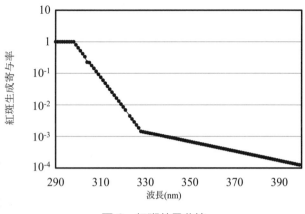

**図3** 紅斑効果曲線

が関係している[2,3]。

　一方、UVA は即時型黒化反応を誘導する。この作用は、皮膚中に存在するメラニンモノマーが UVA によって酸化されることにより出現する黒化反応として説明されており、この黒化は短期間で消退することが知られている。この即時型黒化も UVA の曝露量に依存して消退までの時間が長くなり、持続型即時型黒化となる。

　日焼け止め化粧料の機能である SPF 値と PA は、紅斑反応と持続型即時型黒化反応を指標として測定される。


## 4. 太陽光線に対する感受性

　太陽光線に対する感受性には個人差がある。この感受性はスキンフォトタイプとして表現され、Fitzpatrick によって定義されている[4]。スキンフォトタイプは、春から夏にかけて 30 分

**表1** Fitzpatrick のスキンフォトタイプ

| スキンフォトタイプ | 紫外線による皮膚変化 |
|---|---|
| I | 非常に日焼け（サンバーン）し易いが、決して黒く（サンタン）ならない |
| II | 容易に日焼け（サンバーン）し、微かに黒く（サンタン）なる |
| III | 日焼け（サンバーン）した後、いつも黒く（サンタン）なる |
| IV | あまり日焼け（サンバーン）せず、すぐ黒く（サンタン）なる |
| V | 滅多に日焼け（サンバーン）せず、非常に黒く（サンタン）なる |
| VI | 決して日焼け（サンバーン）せず、非常に黒く（サンタン）なる |

から45分程度日光浴をした後の皮膚反応に基づいて分類される。スキンフォトタイプはIからVIまでの6つのカテゴリーに分類される（表1）。

## 5. 過剰に太陽光線を浴びた時の皮膚機能変化

### 5.1. 皮膚バリア機能と水分保持機能

　皮膚は、外環境から生体を保護するバリアとして働くことが本来の機能である。皮膚への太陽光線の曝露は、TEWLの上昇を引き起こし、皮膚バリア機能の低下を誘導する。

　この状況は、実験的にヒト皮膚へ1MED（MED：最少(小)紅斑量、UV照射した時に紅斑を生成する最少(小)のエネルギー量）のUVを、ソーラーシミュレーターを用いて照射したときのTEWL変化を測定することによって確認されている[5]。このTEWLの上昇は徐々に回復するが、照射前のレベルまで回復するのに1週間を要する。さらに、1MED以上の紫外線を照射

した場合は、照射前のレベルまで回復するのに 4 週間を要することも確認されている。

　一方、皮膚表面水分量は、照射後、速やかに減少し 2 日以内に最も低くなるが、回復は早く 3 日目には照射前のレベルまで回復する。

## 5.2. 皮膚免疫機能

　太陽紫外線の皮膚への曝露は、皮膚免疫機能の低下 (immuno-suppression) を誘導する。UV 照射した皮膚では、免疫担当細胞であるランゲルハンス細胞が表皮内から消失することが免疫機能の要因と考えられている[6]。また、角層に存在する trans-ウロカニン酸の光異性化反応により生成される cis-ウロカニン酸が紫外線照射による皮膚免疫機能の低下に関係している[7]。

# 6. 過剰に太陽光線を浴びた時の皮膚の細胞の変化

## 6.1. 皮膚での活性酸素の生成

　活性酸素 (ROS) は酸化ストレスのイニシエーターであり、通常、細胞のミトコンドリア内での呼吸連鎖反応の過程で産生されることは良く知られている。皮膚では、太陽光線が ROS 産生に大きく関与している。太陽光線の中でも特に UV が細胞の ROS 産生を刺激し、産生される ROS の種類は、その波長に依存して異なる。UVB は、NADPH oxidase と 呼吸連鎖反応を活性化することにより $\bullet O_2^-$（スーパーオキシドアニオンラジ

カル）を細胞内で生成する[8,9]。一方、UVA は $\bullet O_2^-$ と $^1O_2$（一重項酸素）を生成する。UVA は細胞内の NADPH oxidase の活性化と AGEs （メイラード反応後期生成物：advanced glycation end-products）の光増感反応により $\bullet O_2^-$ を生成する[10,11]。生成された $\bullet O_2^-$ は、$H_2O_2$ となりフェントン反応を介して傷害性の高い $\bullet OH$ へ変換される。

　UVA は、riboflavin 系や porphyrin 系のようなクロモファーを光増感剤として $^1O_2$（一重項酸素）を生成する。また、皮膚常在菌の産生する porphyrin 系化合物も同様に UVA 光増感反応のクロモファーとして働く[12]。皮膚表面で産生された $^1O_2$ は、皮脂成分である squalene や不飽和脂肪酸を酸化し脂質ペルオキシドを産生し、さらに酸化されてアルデヒド化合物となりカルボニル化タンパクを生成する。さらに、ブルーライトがカルボニルタンパクを光増感剤として $\bullet O_2^-$ を生成することも報告されている[13]。

　また、活性酸素を広義にとらえると一酸化窒素ラジカル（NO$\bullet$）も活性酸素に分類され、窒素由来の活性酸素という意味で RNS と呼ばれる。NO$\bullet$ は、本来、血管平滑筋弛緩因子として発見され、毛細血管の血流促進作用を有する RNS である[14]。NO$\bullet$ は、アルギニンを基質として常在型 NO 合成酵素（cNOS）によって産生される。紫外線照射は、cNOS を活性化し、多量の NO$\bullet$ を産生し、その刺激により誘導型 NO 合成酵素（iNOS）を発現し、炎症反応を引き起こすことが知られている[15]。また、NO$\bullet$ は $\bullet O_2^-$ と反応し、より傷害性の高いペルオキシナイトライト（ONOO$^-$）となる。

## 6.2. DNA損傷

UVによる細胞傷害のなかに表皮細胞、線維芽細胞のDNAの損傷がある。DNAは260 nm付近に吸収極大をもつ化学物質である。DNAはUVB領域の紫外線を吸収することにより光化学反応を起こし、シクロブタン型ピリミジンダイマーあるいは(6-4)光付加体を生成することが知られている[16]。また、UVAにより産生されるROSにより8-oxo-2'-deoxogunosine (8-OHdG)が生成する[17]。通常、これらのDNA損傷は修復される。

# 7. 太陽光線を慢性的に浴びた時の皮膚外観変化と皮膚内部の変化

## 7.1. 皮膚外観変化

太陽光線慢性曝露による皮膚変化は、皮膚色の変化、老人性色素斑 (Solar lentigo) とシワの出現という大きな外観変化によって特徴づけられる。

この外観変化と太陽光の関係について日本で行われた疫学調査を紹介する[18]。日本国内の緯度の異なる秋田県在住のボランティアと鹿児島県在住のボランティアの皮膚色を測定すると、太陽光に曝露部位では鹿児島県在住のボランティアのほうが秋田県在住のボランティアと比較してL*値は低いことが確認されている。また、両県在住のボランティアの太陽光非露光部位のL*値に差はないことから、太陽光に曝露部位でのL*値の違いは、日常浴びる太陽光線のエネルギーの違いに由来することが

表 2　太陽光線を慢性的に浴びた時の皮膚内部の変化

| 表皮 | 肥厚 |
| --- | --- |
| メラノサイト | 数の増加 |
| ランゲルハンス細胞 | 顕著な数の減少 |
| 基底膜 | 乳頭の扁平化、膜構造の断裂の二重化 |
| 線維芽細胞 | 数の増加 |
| コラーゲン線維 | 真皮上層では減少と束構造の崩壊 |
| エラスチン線維 | 真皮上層では細線維構造の消失<br>真皮中層部（網状層）では無配向線維の増加 |
| カルボニルタンパク | 真皮上層部で増加 |
| AGEタンパク（糖化タンパク） | エラスチン線維に蓄積 |

考えられる。

　さらに、色素斑の個数は、鹿児島県在住のボランティアのほうが多いことも確認されている。

　一方、両県在住のボランティアの直線シワの長さを計測したところ鹿児島県在住のボランティアのほうが秋田県在住のボランティアと比較して有意に長いことが確認されている。

　また、太陽光線慢性曝露では真皮構造変化を原因とする皮膚粘弾性の低下が確認されている[19-22]。

## 7.2.　皮膚内部の変化

　慢性的に太陽光線を浴びた皮膚内部での変化を表 2 にまとめた。表皮の肥厚と真皮乳頭の扁平化が確認される。また、メラノサイトは増加、ランゲルハンス細胞は減少する。さらに、表皮と真皮の境界に存在する基底膜には、断裂像や断裂部位が修復されたと思われる二重構造が観察される[23]。

真皮マトリックスでは、膠原線維の減少と線維構造の崩壊が観察され[24, 25]、弾性線維は基底膜に対して垂直に伸びた細線維構造が消失し真皮中層に凝集体として存在することが観察される[22, 23]。また、ヒアルロン酸は増加、或いは減少という矛盾する変化が報告されているが、現在では減少するということで認識されている[26]。

　これら真皮マトリックス構成成分には、真皮上層から中層にかけて真皮内での酸化反応の証拠としてタンパクのカルボニル化が観察される[27]。また、真皮中層に凝集体として存在するエラスチン線維に糖化反応生成物 (AGEs: advanced glycation end-products) の蓄積も観察されている[28]。

## 文献

1.　Diffey BL. *Phys Med Biol* **27**: 715–20. (1982)

2.　Ahn SM, *et al. Br J Pharmacol,* **137**: 497–503. (2002)

3.　Rhodes LE, *et al. FASEB J.* **23**: 3947–56. (2009)

4.　Fitzpatrick TB, *Journal de Médecine Esthétique (in French)* **2**: 33–34. (1975)

5.　Lim SH, *et al. Skin Res Technol.* **14**: 93–102. (2008)

6.　Horio T, *et al. J Invest Dermatol.* **88**: 699–702. (1987)

7.　Kurimoto I, *et al. J Immunol.* **148**: 3072–8. (1992)

8.　Masaki H, *et al. Biochem Biophys Res Commun.* **206**: 474–9. (1995)

9.　Jurkiewicz BA, *et al. Photochem Photobiol.* **64**: 918–22. (1996)

10.　Valencia A, *et al. J Invest Dermatol.* **128**: 214–22. (2008)

11. Masaki H, *et al. Biochim Biophys Acta.* **1428**: 45–56. (1999)

12. Ryu A, *et al. Biol Pharm Bull.* **32**: 1504–9. (2009)

13. Mizutani T, *et al. J Dermatol Sci.* **84**: 314–321. (2016)

14. Rubanyi GM, *et al. Am J Physiol.* **250** (Pt 2): H1145–9. (1986)

15. Persichini T, *et al.* Antioxid Redox Signal. **8**: 949–54. (2006)

16. Wolf P, *et al. J Invest Dermatol.* **101**: 523–7. (1993)

17. Beehler BC, *et al. Carcinogenesis.* **13**: 2003–7. (1992)

18. Hillebrand GG, *et al. J Dermatol Sci* **27** Suppl 1: S42–52. (2007)

19. Wang YN, *et al. Zhejiang Da Xue Xue Bao Yi Xue Ban* **39**: 517–22. (2010)

20. Fujimura T, *et al. J Dermatol Sci* **47**: 233–9. (2007)

21. Moloney SJ, *et al. Photochem Photobiol* **56**: 505–11. (1992)

22. Kadoya K, *et al. Br J Dermatol* **153**: 607–12. (2005)

23. Inomata S, *et al. J Invest Dermatol.* **120**: 128–34. (2003)

24. Chung JH, *et al. J Invest Dermatol.* **117**: 1218–24. (2001)

25. Nishimori Y, *et al. J Invest Dermatol.* **117**: 1458–63. (2001)

26. Contet-Audonneau JL, *et al. Br J Dermatol.* **140**: 1038–47. (1999)

27. Kadoya K, *et al. Br J Dermatol.* **153**: 607–12. (2005)

28. Schwartz E. *J Invest Dermatol.* **91**: 158–61. (1988)

# 第7章　紫外線防御の最前線

　紫外線防御の最前線にある日焼け止め化粧料の防御効果の測定法と防御効果を担う紫外線吸収剤や紫外線散乱剤について紹介する。

　紫外線防御効果は、UVB に対する防御指標と UVA に対する防御指標があるが、国際的には表示方法は統一されておらず、各国の法規に則って表示される。日本では、UVB 防御効果 SPF (Sun protection factor) は数値として、UVA 防御効果 UVAPF (UVA protection factor of a product) は、PA の分類表示を用いて国内では表される。

　UVB 防御 *in vivo* 測定法は 2010 年に UVA 防御 *in vivo* 測定法は 2011 年にそれぞれ ISO24444、ISO24442 として ISO (the International Organization for Standardization) 化されている[1,2]。さらに *in vitro* UVA 防御効果測定法も、2012 年に ISO24443 として ISO 化されている[3]。日本における UVB に対する防御指標と UVA に対する防御指標の測定、表示は、あくまで日本化粧品工業連合会による自主基準であり、UVB 防御測定法と UVA 防御測定法は、ISO24444、ISO24442 が日本化粧品工業連合会により承認されている。

　一方、*in vitro* UVA 防御効果測定法 ISO24443 は UVA 防御測定法としては承認されていない。

# 1. 紫外線防止効果のパラメーター

　紫外線防止の対象は、これまで UVB に重点が置かれていたが、UVB から UVA まで防止する、いわゆる、ブロードバンド紫外線防御効果を要求することが世界的な流れとなっている。この背景には、慢性的な UVA による皮膚傷害が明らかとなってきたことがある。欧州では紫外線防御製品として分類されるためには、UVB 防止効果を示す SPF が 6 以上であること、UVAPF が SPF 値の 1/3 以上あること、さらに、紫外線防御効果がブロードバンドであることを示す臨界波長 (CW: Critical wavelength) が 370 nm 以上であることを満たすことが要求される。よって、世界的に紫外線防御製品の性能を表すパラメーターは以下の 3 つとなる。

**SPF**：UVB 防御効果を表す指標であり、UV 照射時に惹起される紅斑反応を用いて測定する。ヒト皮膚への UV 照射により紅斑が形成される最少照射エネルギーを最少（小）紅斑量 (Minimal Erythema Dose) と呼ぶ。SPF 値は紫外線防御製品無塗布の $MED_u$ に対する紫外線防御製品塗布部の $MED_p$ の比として以下の式で表される。

$$SPF = MED_p/MED_u$$

**UVAPF**：UVA 防御効果を表す指標であり、UVA 照射時に惹起される持続型即時黒化反応 (Persistent Pigment Darkening: PPD) を用いて測定する。ヒト皮膚への UVA 照射により PPD が惹起される最少照射エネルギーを最少（小）PPD 量

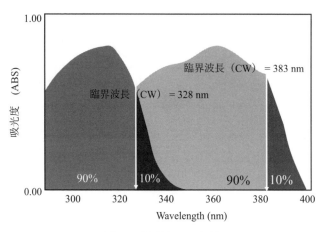

**図 1** 臨界波長の定義

(Minimal Persistent Pigment Darkening Dose: MPPDD)
と呼ぶ。UVAPF 値は紫外線防御製品無塗布の $MPPDD_u$ に対
する紫外線防御製品塗布部の $MPPDD_p$ の比として以下の式で
表される。

$$UVAPF = MPPDD_p/MPPDD_u$$

**臨界波長**：分光光度計を用いて測定した日焼け止め化粧品の
290 nm から 400 nm の紫外線吸収スペクトルの吸収面積の
90%を示す波長を 290 nm から求めた波長として定義される
（図 1）。その波長が 370 nm 以上であればブロードバンドな紫
外線防止効果を有すると定義されている。

$$0.9 = \int_{290\,nm}^{cw} ABS / \int_{290\,nm}^{400\,nm} ABS$$

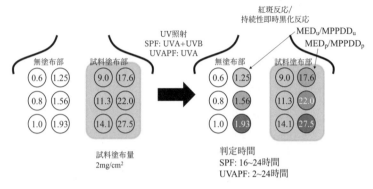

**図2** SPF/UVAPF の測定（○中数字：紫外線照射量）

## 1.1. *In vivo* SPF と *In vivo* UVAPF の測定方法

　SPF と UVAPF の測定は、前述のようにヒト背中皮膚に紫外線を照射して測定する。まず、被験者にキセノンアークソーラーシミュレーターを用いて指定された公比を用いて紫外線照射量を増減した 6 つのエネルギーの紫外線照射を背中に行い、各被験者の試料無塗布時の MED あるいは MPPDD を測定する。得られた MED あるいは MPPDD を中心に決定された公比を用いて紫外線照射量を増減した 6 つのエネルギーの紫外線を試料塗布した皮膚へ照射する。照射後、所定時間で皮膚反応を観察し、試料塗布時の MED あるいは MPPDD を測定する（図2）。

## 1.2. *In vitro* UVA 防御効果測定法

　COLIPA（現 Cosmetic Europe）において基準化された *In vitro* UVA 測定法を基にして、*In vitro* UVA 測定法は ISO24443 として 2012 年 6 月に ISO 化された。ISO24443

の基になった COLIPA 法について簡単に紹介する。測定法の原理は、日焼け止め化粧料を、所定量、片側を荒らした PMMA (polymethylmethacrylate) 基板上 (Helio Science の HD6) に塗布して、日焼け止め化粧料の塗布膜を透過する紫外線の吸光スペクトルを計測することにより紫外線防御効果を測定する。この方法には積分球等を備えた分光光度計と UV 照射装置が必要となる。具体的には米国 Labsphere 社製 UV-2000S SPF アナライザーと Atlas 社製 SUNTEST CPS+がそれに該当する。UVAPF 値は *in vivo* SPF 値を用いて補正し算出する。*in vivo* SPF 値を用いて補正することにより、試料塗布量のバラつきに左右されない UVAPF 値を得ることができる。

　具体的には試料塗布した PMMA 板へ UVA 照射を行い UVAPF 値を測定する。測定した UVAPF 値に 1.2 をかけたエネルギー量の UVA を新たに調製した試料塗布 PMMA 板へ照射し（前照射）、再度、UVAPF 値を測定して求める。この値が試料の UVAPF 値となる。この前照射は、紫外線吸収剤の光劣化を考慮した操作である。紫外線吸収剤の光劣化については後述する。

　この方法では、パウダー製品（プレストパウダー、ルースパウダー等）の PMMA 基板への再現性の高い均一塗布が難しい。


## 2.　日本国内の紫外線防御効果の表示

　国内における紫外線防御効果の表示は以下のようになる。UVB 防御効果については ISO24444 に基づき測定し、得ら

表1　UVA 防御効果の表示

| UVAPF | 分類表示 |
|---|---|
| 2以上4未満 | PA＋ |
| 4以上8未満 | PA＋＋ |
| 8以上16未満 | PA＋＋＋ |
| 16以上 | PA＋＋＋＋ |

れた SPFi（各被験者の SPF 値）の算術平均として求められた SPF の小数点以下を切り捨てた整数をもって表す。ただし、SPF が 50 以上で、95%信頼限界の下限値が 51.0 以上の場合は SPF50 ＋とし、下限値が 51.0 に満たない場合は SPF50 として表示する。

　UVA 防御効果については ISO24442 に基づき測定し、得られた UVAPFi（各被験者の UVAPF 値）の算術平均として求められた UVAPF の小数点以下を切り捨てた整数に基づく下記の分類表示を、SPF と合わせて記載しなければならない。UVAPF と分類表示の関係を表 1 に示した。

　また、日焼け止め化粧料の紫外線防御効果と生活シーンの関係については日本化粧品工業連合会により発刊された「紫外線防止用化粧品と紫外線防止効果－ SPF と PA 表示－ 2012 年改訂版」に記載されている。


## 3.　紫外線防御剤

　現在、一般的に汎用されている紫外線防御素材について紹介する。紫外線防御素材は有機系の紫外線吸収剤と無機系粉体の

紫外線散乱剤に大別される。実際には、無機系粉体にも吸収はあるが、ここでは散乱剤とする。

## 3.1.　紫外線散乱剤

**微粒子酸化チタン (TiO₂)**：酸化チタンにはルチル (Rutile)、アナターゼ (Anatase)、ブルカイト (Brookite) の3種類の結晶構造が存在する。この中でルチルとアナターゼが工業的に利用されており、ルチルが最も安定であり、アナターゼが光触媒としての活性が高い。アナターゼは加熱により不可逆的にルチル転移する。酸化チタンは高屈折率を有すことから白色顔料として一般的にファンデーション等に配合されているが、化粧品原料として用いられる場合には、表面処理されているものが多い。紫外線防御製品に酸化チタンを配合する場合、塗布膜の透明性が要求されること、高い紫外線防御効果を得るため一次粒子径として 100 nm 以下の微粒子酸化チタンが使用されている。

**微粒子酸化亜鉛 (ZnO)**：酸化亜鉛は 380 nm の紫外線を吸収することから UVA 防御に有利な特性を有している。高い UVA 防御効果を期待するために、一次粒子径として 100 nm 以下の微粒子酸化亜鉛が配合されている。透明性と UVA 防止効果を期待する場合は 30 nm 前後の一次粒子径の酸化亜鉛の配合が望ましい。

## 3.2.　紫外線吸収剤

　代表的な紫外線吸収剤とその配合上限と吸収極大波長を表 2、化学構造を図 3 に示した。

表2 代表的な紫外線吸収剤とその配合上限と吸収極大波長

| 防御効果 | 表示名称 | INCI名 | 配合上限(%) | 極大波長(nm) |
|---|---|---|---|---|
| UVA | t-ブチルメトキシジベンゾイルメタン | BUTYL METHOXYDIBENZOYLMETHANE | 10 | 357 |
| UVA | ジエチルアミノヒドロキシベンゾイル安息香酸ヘキシル | DIETHYLAMINO HYDROXYBENZOYL HEXYLBENZOATE | 10 | 360 |
| UVA+UVB | オキシベンゾン-3 | BENZOPHENONE-3 | 5 | 325 |
| UVA+UVB | オキシベンゾン-4 | BENZOPHENONE-4 | 10 | 325 |
| UVA+UVB | ビスエチルヘキシルオキシフェノールメトキシフェニルトリアジン | BIS-ETHYLHEXYLOXYPHENOL METHOXYPHENYL TRIAZINE | 3 | 290,350 |
| UVA+UVB | メチレンビスベンゾトリアゾリルテトラメチルブチルフェノール | METHYLENE BIS-BENZOTRIAZOLYL TETRAMETHYLBUTYLPHENOL | 10 | 290,360 |
| UVB | エチルヘキシルトリアゾン | ETHYLHEXYL TRIAZONE | 5 | 314 |
| UVB | オクトクリレン | OCTOCRYLENE | 10 | 303.5 |
| UVB | サリチル酸エチルヘキシル | ETHYLHEXYL SALICYLATE | 10 | 307 |
| UVB | フェニルベンズイミダゾールスルホン酸 | PHENYLBENZIMIDAZOLE SULFONIC ACID | 3 | 300 |
| UVB | ホモサレート | HOMOSALATE | 10 | 307 |
| UVB | ポリシリコーン-15 | POLYSILICONE-15 | 10 | 312 |
| UVB | メトキシケイ皮酸エチルヘキシル | ETHYLHEXYL METHOXYCINNAMATE | 20 | 308 |

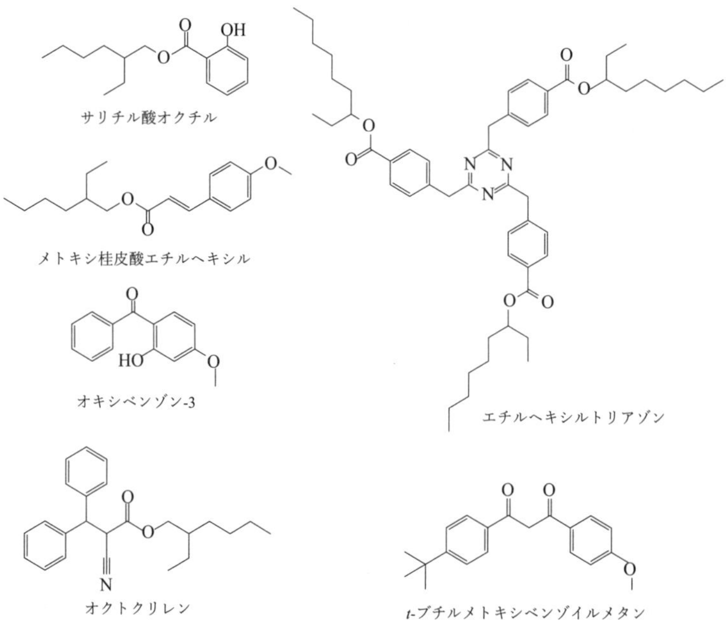
サリチル酸オクチル
メトキシ桂皮酸エチルヘキシル
オキシベンゾン-3
エチルヘキシルトリアゾン
オクトクリレン
t-ブチルメトキシベンゾイルメタン

**図 3**　代表的な紫外線吸収剤の化学構造

**サリチル酸誘導体**：サリチル酸オクチルがあるが、吸収極大が 307 nm であることから UVB 吸収剤である。しかしながら、モル吸光係数が低く、近年では紫外線防御製品にはあまり用いられない。

**桂皮酸誘導体**：桂皮酸誘導体のひとつであるメトキシ桂皮酸エチルヘキシルは、紫外線防御製品に最も汎用される紫外線吸収剤である。国内の配合上限は 20%と他の紫外線吸収剤に比較して最も高い。吸収極大は 308 nm であり、UVB 吸収剤として用いられる。

**ベンゾフェノン誘導体**：代表的な誘導体としてはオキシベンゾ

ン‐3、-4がある。吸収極大は325nmでありUVBからUVA
吸収剤として用いられている。

**トリアジン誘導体：**トリアジンを結合体としてアミノ安息香酸
エチルヘキシルが3分子結合したエチルヘキシルトリアゾンが
ある。吸収極大が314nmであることからUVB吸収剤として
配合されている。

**ジベンゾイルメタン誘導体：**t-ブチルメトキシベンゾイルメタン
が汎用されている。吸収極大が357nmであることから、UVA
吸収剤として配合されているが、光安定性に課題がある。

**その他の紫外線吸収剤：**ブロードバンドスペクトルを示す紫外
線吸収剤としてビスエチルヘキシルオキシフェノールメトキシ
フェニルトリアジン、メチレンビスベンゾトリアゾリルテトラ
メチルブチルフェノールがあり290nmから360nmまでの
領域の紫外線を吸収する。比較的安定なUVA吸収剤としてジ
エチルアミノヒドロキシベンゾイル安息香酸ヘキシルがある。
また、シリコン鎖に紫外線吸収団を担持させたポリシリコー
ン-15もある。

**オクトクリレン：**吸収極大を303.5nmに持ち、紫外線吸収剤
として、また、紫外線吸収剤の光劣化防御剤として用いられる。

## 3.3. 紫外線吸収剤の光劣化

　紫外線吸収剤の問題点として光劣化がある。紫外線吸収剤を
紫外線に曝露したときその紫外線吸収能が低下する、この現象
は光劣化と定義されている[4]。紫外線吸収剤の光劣化に伴う問
題としては以下のことが考えられる。UVBの過剰曝露は、皮膚

に紅斑を生じることにより自覚することは容易であるが、UVA
の過剰曝露は皮膚急性反応を伴わないことから自覚することが
難しい。しかしながら、UVAの過剰曝露は皮膚内部で種々の
傷害を誘導する反応を惹起することが知られている。UVAの
皮膚傷害を表現するときに使用される資料としてよく使われる
ドライバーの顔写真がある[5]。窓側の半顔では深いシワがその
反対側の半顔に比較して観察されている。窓ガラスは、UVBは
遮蔽するがUVAは透過させる。つまり、窓側の半顔は無防備
で長年にわたってUVAに曝露された結果となる。紫外線吸収
剤の光劣化によるUVA領域の吸収能の低下は、同様の状況を
生み出すことになる。

　この劣化は、UVA吸収剤として使用されるt-ブチルメトキ
シベンゾイルメタンに顕著であるが、t-ブチルメトキシベンゾ
イルメタンとUVB吸収剤と併用によりUVB吸収剤の吸収能
の低下も観察される。この吸収能の低下は、オクトクリレンな
どを配合することにより抑えることができる。UVの皮膚傷害
を抑えるためには紫外線吸収剤の有効な配合による光劣化を抑
制することが必要となる。


## 文献

1.  ISO, International Standard ISO24444 Cosmetics-Sun protec-
    tion test methods-*In vivo* determination of sun protection factor
    (SPF), ISO, (2010)

2.  ISO, International Standard ISO24442 Cosmetics-Sun protection
    test methods-*In vivo* determination of UVA protection, ISO,

(2011)

3. ISO, International Standard ISO24443 Cosmetics-Sun protection test methods-Determination of Sunscreen UVA photoprotection *in vitro*, ISO, (2012)

4. Park SB, Suh DH, Youn JI. *Clin Exp Dermatol.* **24**: 315–20. (1999)

5. Wetz F, Routaboul C, Denis A, *et al. J Cosmet Sci.* **56**: 135–48. (2005)

# 第8章　皮膚の老化

　身体の老化は加齢に伴って起こる生理的な機能低下に由来し、これは生理的老化と呼ばれている。ところが、皮膚では生理的な老化に加えて、太陽光線を主にする環境因子により加速される老化があり、これを光老化と呼ぶ。この老化は生理的老化の進行を加速し、さらに、生理的な老化とは異なった形態的特徴を示す。私たちの皮膚のある部分、特に顔面の皮膚は太陽光に常に曝されていることから、皮膚老化といえば光老化皮膚の特徴を示す。

## 1. 老化皮膚の特徴的な外観変化

　老化した皮膚の特徴的な外観は、色調の変化と形態の変化である。もちろん、老人性疣贅（脂漏性角化症）の多発と一部では日光角化症、皮膚癌の発症も観察される。

　色調変化としては、加齢とともに皮膚色は全体的に黄黒く変化し[1)]、局所的に色素斑（老人性色素斑：solar lentigo）と色素脱失症（老人性白斑：leucoderma senile）が共存する色素異常が認められるようになる。さらに、老齢者の皮膚が違和感のある光沢を示すことがある。これは、皮膚の肌理が浅く不鮮明になることによる光の反射パターンの変化に由来していると考えられる。

形態的な変化としては、シワやタルミの形成が認められ、頬部には加齢に伴う毛穴の開大も生じてくる[2]。

## 1.1.　皮膚色調の変化

　加齢に伴い皮膚色が黄黒く変化する原因は、表皮および真皮に存在するカルボニルタンパクと糖化生成物 (AGEs: advanced glycation end products) であると現状では報告されている[1,3]。真皮に生成したカルボニルタンパク、AGEs は黄褐色を呈し、表皮に生成したカルボニルタンパクは皮膚の透明感を喪失させる。

　また、老人性色素斑ではもちろんメラノサイト内のチロシナーゼタンパクの発現が亢進しているが、表皮細胞の増殖と分化の状態に変化が生じていることも発症要因のひとつであると考えられている。後期の老人性色素斑皮膚では表皮細胞の増殖マーカーである Ki67 の発現の低下と分化マーカー遺伝子であるフィラグリン、インボルクリンの遺伝子発現低下が報告されている[4,5]。この結果、チロシナーゼの発現亢進によって過剰に産生されたメラニン色素の皮膚内部への滞留時間が長くなると考えられる。また、最近では老人性色素斑維持に線維芽細胞の関与も示唆されている。

## 1.2.　形態の変化とシワの分類

　老化に伴う形態変化には、肌理が不鮮明になることとシワの出現がある。老化に伴い毛乳頭構造が萎縮し平坦化してくることから、肌理は毛乳頭構造が皮膚表面に現れていると考えられ

ている。一方、シワは浅いシワ（小ジワ）と深いシワに分類される。浅いシワは表皮性のシワと考えられ、その変化の深さは表皮の範囲にとどまり、深いシワは真皮性のシワと考えられその変化の深さは真皮にまで及んでいる。具体的にはカラスの足跡と呼ばれる目尻のシワは、真皮乳頭層（上層部）までの真皮マトリックス構造の変化が関係し、額や口元の深いシワ（ほうれい線やマリオネットライン）は真皮全体の変化が関与している。

**小ジワ**：小ジワは皮溝と皮丘で構成される肌理がより深くなった程度と考えることができる。この小ジワは角層までの表面のピーリングにより改善することができる。このことが、小ジワが表皮性のシワといわれる理由である。

**深いシワ**：深いシワは真皮の変化に起因すると考えられている。これは、コラーゲン線維束の機械的張力の低下、コラーゲン線維とエラスチン線維が作り出す皮膚の柔軟性が低下したことが原因と考えられている。露光部にあらわれる深いシワは日光性弾力線維症 (actinic elastosis) として知られており、真皮網状層に塊状または帯状の無構造エラスチン線維の沈着が観察される。代表的な例は、漁業や農業に従事する人たちにみられる顔面と項部の深いシワである。これらのシワは、fisherman's wrinkle や farmer's wrinkle と呼ばれ、項部では頭をひねるため菱形の模様として観察される。このようなシワは項部菱形皮膚とも呼ばれる。

## 2. 老化皮膚の機能変化

　老化による表皮細胞の機能低下が、皮膚の乾燥を誘導する。その具体例として、老人性乾皮症 (senile xerosis) がある。老人性乾皮症は、皮膚表面水分量の著しい低下と著しい掻痒感を特徴とし、表皮ターンオーバー速度の低下に伴う角層層数の有意な増加が観察される[6]。さらに、老人性乾皮症では角層細胞間脂質のセラミドおよび NMF の遊離アミノ酸も減少[7,8]、顆粒細胞層数の減少、ケラトヒアリン顆粒の減少と層板顆粒の形成不全も観察される[9]。

　また、皮膚の粘弾性も老化に伴い低下してくる[10]。キュートメーターで測定した皮膚の粘弾性においては、弾力をあらわすパラメーター Ur/Uf の低下と粘性をあらわす Uv/Ue の上昇が年齢に伴い観察される。これは、皮膚の粘弾性が低下することによる変化と考えられる（図 1）。皮膚の粘弾性低下が、皮膚表面へのシワ・タルミの出現の一因と考えられている。

## 3. 皮膚付属器官の機能変化

　加齢とともにエクリン汗腺は萎縮、減少することから、老人は汗をかきにくくなる。一方で、老化とともに皮膚表面の pH は上昇することが確認されている[11]。汗は乳酸などを含み、酸性を呈することから、皮膚表面の pH は汗により制御されている可能性が考えられ、老化による皮膚表面 pH の上昇は汗腺機能の低下に由来する可能性が考えられる。ただし、アポクリン

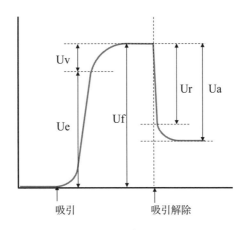

**図1** 皮膚粘弾性のパラメーター
キュートメーターのプロフィール

汗腺はあまり変化しないようである。

　皮脂の分泌は、女性では20歳代をピークとして徐々に減少する。しかしながら、男性では中年まで、特に顔面では皮脂分泌量は低下しない。皮脂分泌量は加齢に伴って低下するが、この低下は下腿部より始まり、徐々に上半身へ拡大する。皮脂は皮膚の表面を覆い、水分蒸散に対するバリアとして働いていることが考えられる。老人性乾皮症は、下腿皮膚より始まることが多いのは、皮脂分泌の低下によるのかもしれない。

## 4. 生理的老化皮膚と光老化皮膚の違い

　生理的な老化と光老化皮膚の違いを表1にまとめた[12]。組織学的には、生理的老化皮膚では表皮は薄くなるが、光老化皮膚では逆に肥厚が観察される。また、真皮乳頭層の平坦化は、両

**表 1 光老化と生理的老化皮膚の違い[12] を改変**

| | 光老化皮膚 | 生理的老化皮膚 |
|---|---|---|
| **表皮** | | |
| 表皮 | 肥厚 | 菲薄化 |
| 角質層 | 肥厚 | 肥厚 |
| 角層細胞形状 | 大きさ、形態、染色性は、不均一 | 角層細胞の大きさは均一 |
| 表皮細胞形状 | 多様性があり、配向性が乱れる | 均一、配向性が高い |
| 表皮細胞サイズ | しばしば肥大化が観察される | 萎縮傾向にある |
| 貪食メラノソーム | メラノソームは限局性に存在する | メラノソームは均一に分散する |
| 顆粒層層数 | — | 減少 |
| メラノサイト数 | 増加 | 減少 |
| メラノソーム | 増加 | 産生不全 |
| ランゲルハンス細胞数 | 顕著な減少 | 減少 |
| ランゲルハンス細胞形状 | 異形の細胞が存在 | — |
| **真皮マトリックス** | | |
| 基底膜 | 断裂、二重化 | — |
| 真皮厚 | — | 減少 |
| グルコサミノグリカン | 増加 | 軽微減少 |
| デルマタン硫酸 | — | 増加 |
| ヒアルロン酸 | 増加 | 減少 |
| コラーゲン線維 | 乳頭層で減少 | 線維束は太く無配向 |
| エラスチン線維 | 乳頭層で減少、網状層で無配向エラスチンの増加 | 乳頭層で減少 |
| フィブロネクチン | — | 乳頭層で減少 |
| AGEs | 無配向エラスチンに沈着 | — |
| カルボニルタンパク | 顕著に増加 | 増加 |
| 血管 | 顕著な減少 | 減少 |
| リンパ管 | 減少 | — |

者に観察される。また、生理的老化皮膚では、メラノサイトの減少が観察されるが、光老化皮膚ではメラノサイトの増加とメラニン産生の限局的な増加による老人性色素斑が外観変化として観察される。老人性色素斑は太陽光線の曝露により発症することから、年齢に関係なく20歳代、30歳代でも確認される。

さらに実験的に紫外線を繰り返し照射したマウス皮膚の変化を光老化皮膚のモデルとして考えた場合、以下のような変化が報告されている。角層細胞では角層細胞内のケラチンフィラメントの構造が疎になることと細胞過増殖時に発現するケラチン6と16の発現が観察される[13]。このことから、光老化皮膚では角層細胞自身の構造が変化している可能性が考えられる。この構造変化が表皮バリア機能の低下につながり、皮膚の乾燥を助長している可能性が考えられる。

近年の角層研究の結果、テープストリップにより採取した角層内に残存する炎症性サイトカインであるIL-1αとそのレセプターアンタゴニストIL-1raが、皮膚の状態を反映するマーカータンパクとなることが報告されている[14]。太陽光線の影響を受けない上腕内側より採取した角層では加齢に伴うIL-1ra/IL-1αの減少傾向が確認されている[15]。しかしながら、露光部皮膚ではIL-1ra/IL-1αが高いことが確認されている[15]。また、角層細胞に存在するカルボニルタンパクが露光部に多いことも確認されている[16]。これらの事実は、露光部位では非露光部位と比較して、高い頻度で酸化ストレスに曝されており、その結果、皮膚内部では弱い炎症反応が絶えず生じていることが考えられる。

生理的老化皮膚の真皮では、真皮組織の充実度は低下し、真

皮厚が減少する。また、ヒアルロン酸などのグルコサミノグリカンの減少も報告されている。さらに真皮マトリックスの合成を担う線維芽細胞の減少と機能低下が観察される。

一方、光老化皮膚では、真皮上層（乳頭層）での変化が顕著であり、コラーゲン線維の減少、エラスチン細線維の消失が観察される。この変化は、光老化皮膚のみならず生理的老化皮膚においても観察される。さらに基底膜の断裂や二重化も観察される。

また、光老化皮膚では真皮中層（網状層）において無配向性のエラスチンの増生が観察される。また、真皮上層においては酸化タンパクであるカルボニルタンパクの存在[3]と真皮中層における無配向性のエラスチンに付随した糖化タンパク (AGEs: advanced glycation end-products) の存在[17]が確認されている。さらに、光老化皮膚では、血管とリンパ管の顕著な減少が確認されている[18,19]。

## 文献

1. Ohshima H, Oyobikawa M, Tada A, *et al. Skin Res Technol.* **15**: 496–502. (2009)

2. 山下由貴, 大林恵, 岡野由利他, 粧技誌, **44**: 216–222. (2010)

3. Ogura Y, Kuwahara T, Akiyama M, *et al. J Dermatol Sci.* **64**: 45–52. (2011)

4. Aoki H, Moro O, Tagami H, *et al. Br J Dermatol.* **156**: 1214–23. (2007)

5. Lin CB, Hu Y, Rossetti D, Chen N, *et al. J Dermatol Sci.* **59**: 91–7. (2010)

6. Hara, M., Kikuchi, K., Watanabe, M., *et al. J. Geriatr.Dermatol.,* **1**: 111–120. (1993)

7. Masaki H, Tezuka T. *Nihon Hifuka Gakkai Zasshi.* **96**: 189–93. (1986)

8. Horii I, Nakayama Y, Obata M, *et al. Br J Dermatol.* **121**: 587–92. (1989)

9. Tezuka T. *Dermatologica.* **166**: 57–61. (1983)

10. Fujimura T, Haketa K, Hotta M, *et al. J Dermatol Sci.* **47**: 233–9. (2007)

11. Schreml S, Zeller V, Meier RJ, *et al. Dermatology.* **224**: 66–71. (2012)

12. Kligman AM. 加齢と皮膚, 清至書院, p33 (1986)

13. Sano T, Kume T, Fujimura T, Kawada H, *et al. Arch Dermatol Res.* **301**: 227–37. (2009)

14. Kikuchi K, Kobayashi H, Hirao T, *et al. Dermatology.* **207**: 269–75. (2003)

15. Hirao T, Aoki H, Yoshida T, *et al. J Invest Dermatol.* **106**: 1102–7. (1996)

16. Fujita H, Hirao T, Takahashi M. *Skin Res Technol.* **13**: 84–90. (2007)

17. Mizutari K, Ono T, Ikeda K, *et al. J Invest Dermatol.* **108**: 797–802. (1997)

18. Chung JH, Yano K, Lee MK, *et al. Arch Dermatol.* **138**: 1437–42. (2002)

19. Kajiya K, Kunstfeld R, Detmar M, *et al. J Dermatol Sci* **47**: 241–243. (2007)

# 第9章 老化に伴う真皮構成成分の変化と そのメカニズム

## 1. 膠原線維 (コラーゲン線維) の減少メカニズム

コラーゲン線維は合成・分解を繰り返すことにより、新しいコラーゲン線維にリニューアルをしている。光老化皮膚では、この合成・分解のバランスが崩れることが原因となりコラーゲン線維の減少が生じている。コラーゲン減少のメカニズムとして最もよく研究されているのが MMP-1 (matrix metalloprotease-1) である。

MMP-1 は、最初にコラーゲン分子鎖を 1：3 に分解する Zn を活性中心に持つ金属含有酵素である。MMP-1 により分解されたコラーゲン分子のフラグメントは、ゼラチナーゼと呼ばれる MMP-2 や MMP-9 によってさらに分解されていく。

MMP-1 は表皮細胞、線維芽細胞で合成され、その合成の刺激となるのは主には活性酸素 (ROS) による酸化ストレスである。UV 照射は酸化ストレスを惹起し、その結果、MMP-1 の産生が高まることが確認されている[1]。また、若齢者と老齢者の皮膚から単離培養した線維芽細胞では、カタラーゼタンパク量に違いがあり、老齢者の線維芽細胞ではカタラーゼの産生が低下していることから細胞内の ROS レベルが若齢者の線維芽細胞に比較して高くなっている。それに伴い、MMP-1 の産生量も老齢者由来の線維芽細胞で高くなっている[2]。

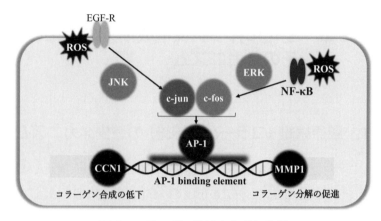

**図1** コラーゲン繊維の合成と分解

　この酸化ストレスによる MMP-1 産生亢進は、c-Jun タンパクと c-Fos タンパクのヘテロダイマーである AP-1 (activator protein-1) による MMP-1 の転写活性の亢進による（図1）[3]。

　MMP-1 転写活性の亢進の流れは、現時点では、以下のように考えられている。

　c-jun タンパクの産生については、細胞膜に存在する EGF (epidermal growth factor) 受容体 (EGF-R) の活性化（リン酸化）により始まる。EGF-R は EGF と結合しない状態においてもリン酸化は行われるが、通常は PTP (protein tyrosine phosphatase) により脱リン酸化され、EGF-R 以後のシグナルは進行しないようにストップされている。PTP は酸化センサーとして SH 基を持ち、ROS により SH 基が酸化されることにより不活化される。よって、UV 照射により産生された細胞内 ROS は PTP を不活性化することにより EGF との結合なしに EGF-R のリン酸化が維持され、MAPK (Mitogen-activated Protein

Kinase) の一つである JNK (c-jun N-terminal kinase) が活性化されることにより c-Jun の産生が高まる。

c-Fos については、ROS により活性化された NF-κB により産生亢進された IL-1 が、IL-1 受容体を介して IL-6 の産生を高め、IL-6 が MAPK の一つである ERK1/2 を活性化することによって、c-Fos の産生が高まる。この 2 つの経路により AP-1 の形成が促進され、MMP-1 の転写活性が高められる[4]。

一方、コラーゲンの合成については、TGF-β1 と Smad シグナルによって制御されている[5]。TGF-β は、TGF-β1 受容体 (T-β1R) と TGF-β2 受容体 (T-β2R) に結合し Smad シグナルを走らせることによりコラーゲンの合成が刺激される。UV 照射は、T-β2R の産生を低下させることにより Smad シグナルを不活性化する[6]。その結果、コラーゲン合成も低下してくる。さらに、CYR61/CCN1 (Cysteine-rich angiogenic inducer 61or CCN family member 1) はコラーゲン合成を抑制するタンパクであるが、AP-1 は CYR61/CCN1 の産生を高めることによってもコラーゲン合成を低下させる[7]。

## 2. コラーゲン線維の分解を守るデコリン

デコリン (decorin) は真皮マトリックスに存在するプロテオグリカンの一つであり、339 アミノ酸残基からなるコアタンパクと直鎖状のグリコサミノグリカンによって構成されている。デコリンはコラーゲン線維の MMP-1 切断部位に結合し、MMP-1 によるコラーゲン線維の切断に対する抵抗性を付与し

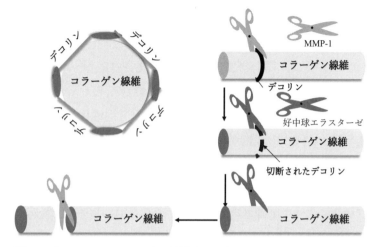

**図2** デコリンはコラーゲン線維をカバーし，MMP-1 による分解からコラーゲン線維を保護する

ている[8]。このデコリンは、好中球由来のエラスターゼにより分解される。UV 照射により分泌亢進された IL-8 により好中球の真皮組織内への浸潤を容易にする。好中球の持つエラスターゼによりデコリンを分解し、MMP-1 に対するコラーゲン線維の抵抗性を低下させることが光老化皮膚のコラーゲン線維の減少の一因と考えられる（図2）。

## 3. 線維芽細胞の形態変化と機能低下

　線維芽細胞は、真皮マトリックスを構成する主要成分を産生する重要な細胞である。若齢者皮膚と老齢者皮膚から単離培養した線維芽細胞のコラーゲン合成能には差があり、老齢者由来の線維芽細胞ではコラーゲン合成能が低下していることが報告

されている[9]。このような線維芽細胞の機能低下には、線維芽細胞が存在する真皮マトリックス環境も影響している[10]。

　健常皮膚と光老化皮膚の真皮に存在する線維芽細胞の形態を観察すると、健常皮膚の真皮組織において線維芽細胞は多数の点でコラーゲン線維にしっかりと接着した形状を示す。しかしながら、光老化皮膚の線維芽細胞は、コラーゲン線維への接着点の減少が原因と考えられる細胞形状の萎縮が確認される。この両者のコラーゲン線維の状態を観察すると、健常皮膚では断裂のないコラーゲン線維束が観察されるが、光老化皮膚では多くの断裂面をもつコラーゲン線維束構造が観察される。この事実は、光老化皮膚では線維芽細胞を取り巻くコラーゲン線維束の構造変化が細胞形態の変化を誘導し、その結果として線維芽細胞の機能低下につながった可能性が考えられる。この説は、*ex vivo* において健常皮膚に対して MMP-1 を処理し、コラーゲン線維束構造を変化させたときにも光老化皮膚と同様の線維芽細胞の形態変化を生じることから支持される。

　線維芽細胞はコラーゲン線維にインテグリン α2β1 を介して接着している[11]。単回のソーラーシミュレーターによる UV 照射は、インテグリン α2β1 の発現低下と同時にコラーゲン受容体である Endo180 の発現も低下させる（図 3）[12]。この低下は *in vivo* においても確認されている。本来、Endo180 は MMP-1 により分解されたコラーゲンタンパクを細胞内へ取り込み、ライソゾームでの分解を促進することにより真皮マトリックス構造の再生を促進させる。しかしながら、UV 照射による Endo180 の発現低下は、MMP-1 により分解されたコラー

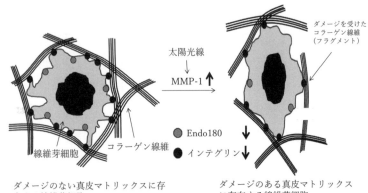

図3 真皮マトリックス環境の変化による線維芽細胞の形態変化

ゲンフラグメントの真皮組織内での滞留を生じさせ、この結果、線維芽細胞の形態変化を持続させることになる。さらに、おもしろいことにコラーゲンフラグメントは線維芽細胞内の ROS レベルを亢進させる[13]。ROS 産生のメカニズムは明らかにされていないが、通常と異なる細胞形態の変化が細胞ストレスとなり ROS 産生を亢進した可能性が考えられる。

## 4. 弾性線維について

　エラスチン線維は皮膚の弾力性を担う線維状タンパク複合体であり、その主な組成はマイクロフィブリル (microfibril) とトロポエラスチン (tropoelastin) であり、トロポエラスチンがマイクロフィブリル上へ沈着した構造を持つ。弾性線維は、トロポエラスチンのマイクロフィブリル上への沈着の程度が少ない

ほうから、オキシタラン線維、エラウニン線維、エラスチン線維
となる。

　組織学的像は、基底膜から垂直に下方に伸びるオキシタラン
線維にトロポエラスチンが沈着しエラウニン線維となり、さら
に、基底膜に平行に走るエラスチン線維となる。オキシタラン
線維にはトロポエラスチンは沈着していないと言われているが、
免疫染色ではオキシタラン線維にもトロポエラスチンの陽性像
が見られていることから、少しはトロポエラスチンの沈着がオ
キシタラン線維にもあるのかもしれない。

　マイクロフィブリルの主な構造成分のひとつはフィブリリ
ン (fiburillin)-1 であり、成熟したマイクロフィブリルは並行し
て走る線維束であり、分子内架橋構造により安定化されてい
る。フィブリリン-1 は、MFAP-4 (Microfibrillar-associated
protein 4) により産生が刺激され、さらに、会合体形成を促進
されることによりマイクロフィブリルを形成する[14]。

　一方、トロポエラスチンはリジルオキシダーゼ (LOX) とフィ
ブリン (fibrin)-4 と会合体を形成し、この会合体に fibrin-5 が
会合することによりコアセルベーション (coacervation) によ
りマイクロフィブリル上へ沈着する。マイクロフィブリル上に
は、Latent TGF-$\beta$ binding protein 4 (LTBP-4) が存在し、こ
れが fibrin-5 と結合し、トロポエラスチンを含む自己会合体を
マイクロフィブリル上に固着させることがわかっている[15]。マ
イクロフィブリル上ではこの会合体は LOX により架橋され弾
性線維が形成される（図 4）。

　光老化皮膚における無配向エラスチンの増生とエラスチン細

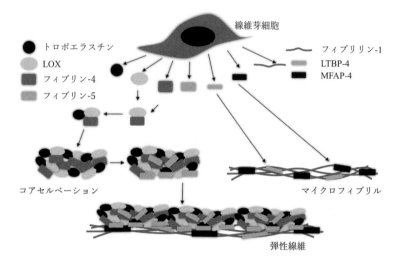

**図4** 弾性線維の構造と形成

線維構造の消失を、線維の再生の観点から考えると以下のように考えられる。

　光老化皮膚では、MFAP-4 タンパクの存在低下、さらにフィブリン-5 の染色性の低下が報告されている[14, 16]。UV 照射によりトロポエラスチンのタンパク合成は促進されるが、MFAP-4 の発現低下によりトロポエラスチン合成に対応したフィブリリン-1 の組織化が進行せず、マイクロフィブリルが形成されないこと、さらに、フィブリン-5 の合成低下によりトロポエラスチンのマイクロフィブリル上への沈着も行われないことから、弾性線維、特に、配向性のオキシタラン細線維構造が再構築されない可能性が考えられる。

　一方、オキシタラン線維の分解には好中球由来のエラスターゼと線維芽細胞が産生する膜結合型の neprilysin が関係してい

ることが報告されている[17,18]。特に、neprilysin は UVA により産生が高まり、線維芽細胞の細胞膜に局在している。この産生の増加には、IL-1α、IL-1β、IL-6、IL-8 と GM-CSF が関与している。

　好中球由来のエラスターゼのエラスチン分解への関与に関しては、カテプシン G が最初にエラスチン分子を分解し、その後、好中球由来エラスターゼが分解に関与するとの報告もなされている[19]。


## 5. 光老化皮膚と血管とリンパ管の状態

　後期の光老化皮膚では毛細血管、リンパ管ともに、その存在頻度は低下することが報告されているが、UV の単回照射では血管新生とリンパ管構造の脆弱化が観察される。

　ヒト皮膚組織では、シワグレードとシワ部位の毛細血管とリンパ管密度の関係はシワグレードが高くなる（シワが深くなる）に伴って、リンパ管の消失が観察される[20]。さらに、太陽光曝露部である顔面のシワ部位の真皮に存在する毛細血管とリンパ管密度は、非露光部である臀部に比較して顕著な減少が観察される[21]。

　ヒト皮膚における毛細血管とリンパ管密度の減少は、皮膚への栄養成分の供給を減少させ、老廃物の皮膚への滞留を生じさせる。これによる線維芽細胞や表皮細胞の代謝の低下がシワ形成を促進する可能性が示唆される。

　UV の単回照射による真皮の血管新生は、表皮ケラチノサ

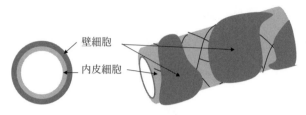

壁細胞

内皮細胞

**図 5** 毛細血管構造

イトが産生する血管内皮細胞増殖因子 (vascular endothelial growth factor-A; VEGF-A) とその内在性阻害因子 Thrombospondin -1 (TSP-1) のバランスの変化により生じることが報告されている。UV に曝露されていない表皮には TSP-1 の発現が認められるが、UV 照射により表皮での TSP-1 タンパクの消失、代わって VEGF-A の産生が亢進する。このアンバランスにより、血管新生へのシグナルが走り出す[17]。さらに、UV 照射によりリンパ管は拡張し、リンパ管構造の脆弱化が生じる。その結果、リンパ管からマクロファージの真皮への浸潤が増加し、リンパ管本来の機能である老廃物の排出機能の低下が生じる。

　また、血管は、血管内皮細胞で形成された管構造の外部を壁細胞 (pericyte) が補強するような構造を持っている（図 5）。この補強構造は壁細胞が分泌する angiopoietin-1 (Ang-1) が、血管内皮細胞に存在する Tie2 受容体に結合し Tie2 の活性化を介して、壁細胞の血管内皮細胞へ接着することにより形成される。この血管内皮細胞管構造への壁細胞への接着率は生理的な老化によっても低下するが、光老化によっても同様に低下する[21]。

血管叢の変化と光老化皮膚の形成との関係は以下のように考えられるかもしれない。光老化皮膚の初期過程における血管叢の高密度化と中期から後期にかけての血管透過性の上昇は、UV照射や化学的物理的刺激に対して過敏となり、皮膚の炎症を起こしやすくする。その結果、好中球、肥満細胞、マクロファージの浸潤の真皮内への頻度が高まり、エラスターゼやMMPの真皮内への蓄積が、コラーゲンやエラスチンの分解を促進する。この繰り返しによりシワが形成される。

## 文献

1. Quan T, Qin Z, Xia W, *et al. J Investig Dermatol Symp Proc.* **14**: 20–4. (2009)

2. Shin MH, Rhie GE, Kim YK, *et al. J Invest Dermatol.* **125**: 221–9. (2005)

3. Rittié L, Fisher GJ. *Ageing Res Rev.* **1**: 705–20. (2002)

4. Kida Y, Kobayashi M, Suzuki T, *et al. Cytokine.* **29**: 159–68. (2005)

5. Verrecchia F, Mauviel A, Farge D. *et al. Autoimmun Rev.* **5**: 563–9. (2006)

6. Quan T, He T, Kang S, *et al. J Invest Dermatol.* **119**: 499–506. (2002)

7. Quan T, Qin Z, Xu Y, *et al. J Invest Dermatol.* **130**: 1697–706. (2010)

8. Li Y, Xia W, Liu Y, *et al.* PLoS One. **8**(8): e72563. doi: 10.1371/journal.pone.0072563. (2013 Aug 30)

9. Varani J, Dame MK, Rittie L, *et al. Am J Pathol.* **168**: 1861–8. (2006)

10. Varani J, Schuger L, Dame MK, *et al. J Invest Dermatol.* **122**: 1471–9. (2004)

11. Tiger CF, Fougerousse F, GrundströmG *et al. Dev Biol* **237**: 116–29. (2001)

12. Tang S, Lucius R, Wenck H, *et al. J Dermatol Sci.* **70**: 42–8. (2013)

13. Fisher GJ, Quan T, Purohit T, *et al. Am J Pathol.* **174**: 101–14. (2009)

14. Kasamatsu S, Hachiya A, Fujimura T, *et al.* Sci Rep. **1**: 164. (2011) doi: 10.1038/srep00164.

15. Noda K, Dabovic B, Takagi K, *et al. Proc Natl Acad Sci U S A,* **110**: 2852–7. (2013)

16. Kadoya K, Sasaki T, Kostka G, *et al. Br J Dermatol* **153**: 607–12. (2005)

17. Yano K, Kadoya K, Kajiya K, *et al. Br J Dermatol.* **152**: 115–21. (2005)

18. Morisaki N, Moriwaki S, Sugiyama-Nakagiri Y, *et al. J Biol Chem.* **285**: 39819–27. (2010)

19. Schmelzer CE, Jung MC, Wohlrab J, *et al. FEBS J.* **279**: 4191–200. (2012)

20. Kajiya K, Kunstfeld R, Detmar M, *et al. J Dermatol Sci* **47**: 241–3. (2007)

21. Kajiya K, Kim YK, Kinemura Y, *et al. J Dermatol Sci.* **61**: 206–8. (2011)

# 第10章　皮膚色の変化のメカニズム

　ヒトの皮膚色は、メラニン、ヘモグロビンやカロチンなどの皮膚での存在量と比率により決定されるものである。老化に伴う皮膚色の変化の代表的なものは、皮膚色全体が黄黒い方向へシフトすることであるが、その一因として糖化反応生成物とカルボニルタンパクなどの酸化タンパクの影響について前述した。

　ここでは、皮膚色の決定に最も寄与の高いメラニンによる皮膚色の局所的な変化に焦点をあて、そのメラニン合成の基本的なメカニズムについて紹介する。


## 1.　色素細胞　（メラノサイト）

　メラノサイトはメラニンを合成する細胞であり、神経堤（外胚葉）由来の遊走性、樹状突起を持つ細胞である。メラノサイトは皮膚（表皮、毛球）以外には眼（網膜、脈絡膜）、粘膜（口腔、食道、腸管）などにも存在する。皮膚ではメラノサイトは基底層に存在し、基底細胞とメラノサイトの存在比率は基底細胞9個から10個に対してメラノサイト1個の割合である。また、メラノサイトの数は、部位により差があるが平均して約1500個/mm$^2$である。顔面には特に多く、腹、臀部には少ない。

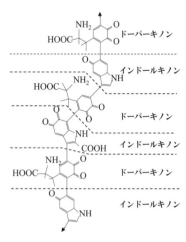

**図1** Hempel によるメラニンモデル

## 2. メラニン (melanin) とは

　メラニンは、アミノ酸の一つであるチロシンを出発原料として酵素的に酸化重合された高分子化合物の総称である。メラニンは人類のみではなく、細菌、真菌等の微生物から、植物、昆虫、魚類、爬虫類に至るほぼ全ての生物により合成される。よって、図1に示した Hempel によるメラニンモデルのように、化学的には単一な構造を有しているわけではない[1]。

　私達、人類が産生するメラニンには、黒色色素のユウメラニンと赤色色素のフェオメラニンがある。よって、私たちの皮膚色や毛髪の色はユウメラニンとフェオメラニンの複合体として表現され、その比率により色に個性が生じてくる。

　メラニンはメラノサイトで合成されるが、合成された後、周辺の表皮細胞へ移送され、表皮細胞の核の上に配置され核への

紫外線の曝露を妨げている。このような状態のことを核帽とか
メラニンキャップ (melanin cap) と呼ぶ。よって、人類にとっ
てのメラニンの本来の役割は、太陽光線の中の紫外線から表皮
細胞の DNA を保護することにある。

## 3.　メラニン合成の化学[2)]

　メラニンは前述のようにチロシンを出発原料として合成され
る（図2）。チロシンは、チロシナーゼ（tyrosinase：TYR）の
触媒反応によって芳香環の3位に水酸基が導入されたドーパ
(dopa) が合成される。このドーパは水素（プロトン）を遊離し
て（酸化）、ドーパキノン (dopaquinone) となる。ドーパキノ
ンは、自動酸化を受け、ドーパクロム (dopachrome) となり、
ドーパクロムトウトメラーゼ (dopachrome tautomerase) 活
性を持つ TRP-2 (tyrosinase related protein-2) の触媒反応
によりジヒドロキシインドールカルボン酸 (dihydroxyindole
carboxylic acid: DHICA) となる。DHICA は、DHICA オキ
シダーゼ (DHICA oxidase) 活性を持つ TRP-1 (tyrosinase
related protein-1) の触媒反応により重合が進められ DHICA
メラニンとなる。また、TRP-2 の触媒作用を受けなかったドー
パキノンは、自動酸化により重合が進みジヒドロキシインドー
ル (dihydroxyindole: DHI) となり重合する。実際には、この
ような反応が並行して複雑に絡み合いながら進行してポリマー
が形成される。このようなメラニンを総称してユウメラニン
(eumelanin) と呼ぶ。

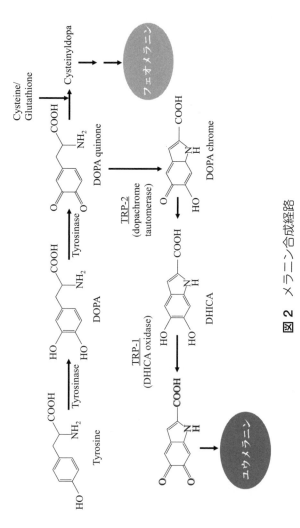

図 2　メラニン合成経路

98

もう一方のフェオメラニンの生成には SH 化合物が関与する。TYR の触媒反応により生成したドーパキノンは、非酵素的にシステイン (cysteine: Cys) あるいはグルタチオン (glutathione:GSH) と結合し、システイニルドーパ (cysteinyl-dopa) となる。このシステイニルドーパが重合することによってフェオメラニン (pheomelanin) が合成される。

## 4.　メラニン合成の場[3)]

　メラニンはメラノサイト (melanocyte：色素細胞) 内の小器官であるメラノソーム (melanosome) の中で合成される。メラノソームはライソゾームと同様に脂質二重膜でできている。このメラニン合成の場、メラノソームが、メラノサイト内に形成されることによりメラニン合成が開始される。

　メラノソームの形成は、メラノサイトの細胞膜が内部へ陥入してエンドソーム (endosome) (第 1 期メラノソーム) が形成されることから始まる。これに、滑面小胞体 (smooth endoplasmic reticulum: ER) から移行したメラノソーム関連タンパクが被覆小胞体 (coated vesicle) によって輸送されることにより第 2 期メラノソームが形成され、メラニン合成が開始される。合成されたメラニンはメラノソーム内のタンパクと結合して巨大なメラニンタンパク複合体となり、メラノソーム内を埋めて第 3 期メラノソームから、さらに多くのメラニンタンパク複合体を充填した第 4 期メラノソームとなる。この過程をメラノソームの成熟と呼ぶ (図 3)。

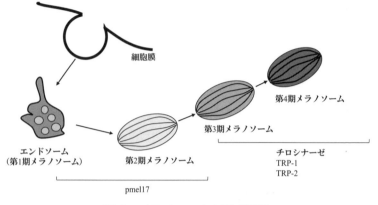

細胞膜

第4期メラノソーム

第3期メラノソーム

チロシナーゼ
TRP-1
TRP-2

エンドソーム
（第1期メラノソーム）

第2期メラノソーム

pmel17

**図3　メラノソームの形成過程**

## 5. メラノソーム関連タンパク

　メラノソーム関連タンパクには、メラニン合成に直接関与する酵素群と、メラノソームの構造を維持する構造タンパクに大別される。

### 5.1. メラニン合成酵素群

チロシナーゼ：メラニン合成過程において重要な役割を果たす律速酵素であり、チロシンのドーパへの水酸化と生成されたドーパのドーパキノンへの酸化反応を触媒する。チロシナーゼは滑面小胞体、Golgi において糖鎖修飾を受けて成熟しながらメラノソームへ移送され、メラノソームの膜に配向して活性型となる。

TRP-2 ：ドーパクロムを DHICA へ変換し、インドール骨格を形成する。

<u>TRP-1</u>：DHICA を 5,6-indolequinone-2-carboxilic acid へ
酸化する。

## 5.2. メラノソーム構造タンパク

<u>Pmel17 (silver locus protein)</u>：未成熟 Pmel17 は、プロセ
シングを受けてステージ I のメラノソームへ移送される。その
後、メラノソームの線維状構造を構築し、移送されてきたチロ
シナーゼのメラノソーム内での安定化に働く[4]。
<u>P タンパク</u>：メラノソームへのチロシンの移送やメラノソーム
内の pH 調整のためのプロトンポンプとして働く可能性が報告
されている[5,6]。

# 6. チロシナーゼの生合成メカニズム

　チロシナーゼ及びチロシナーゼ関連タンパクの遺伝子発現には
MITF (microphthalmia-associated transcription factor)
が転写因子として関与している[7]。MITF の活性化には様々な
シグナルが関係しているが、MITF が活性化されることにより、
その下流に存在するチロシナーゼ関連遺伝子の発現が上昇す
る[8]。

# 7. メラノソームの移送

　メラノサイト内のメラノソームで合成されたメラニンは、メ
ラノソームに含まれた状態で核周辺から樹状突起の先端へ輸送

され、細胞外へ分泌された後、周辺の表皮細胞に貪食される。このメラノソームの貪食過程をメラノソームの表皮細胞への移送と呼ぶ。表皮細胞に貪食されたメラノソームは、分解を受けながら角化に伴い角層まで押し上げられ、最終的に垢となって皮膚表面から脱落していく。これらの過程をメラニンユニットと呼ぶ。

## 8. メラノソームのメラノサイト内輸送[9]

メラノサイトの核周辺に局在している第 1 期メラノソームは、成熟に伴い樹状突起の先端へ移動し、その先端から細胞外へ分泌される。その後、周辺の表皮細胞に貪食される。

まず、成熟に伴うメラノソームのメラノサイト内移動は、微小管 (microtubules) 上をモータータンパクであるキネシン (kinesin) に乗って樹状突起の先端へ移動する。逆に核周辺に戻る場合はダイニン (dynein) に乗って移動する。樹状突起の先端に近づくと、アクチンフィラメント (F-actin) の上をミオシン (myosin)-Va と Mlph(melanophilin/SLAC2A)、Rab27a の 3 つのタンパク複合体に乗って樹状突起の最先端へ輸送される（図 4）。

## 9. メラノソームの表皮細胞による貪食[10]

樹状突起の最先端まで輸送されたメラノソームの表皮細胞への貪食様式については 4 つのプロセスが考えられている（図 5）。

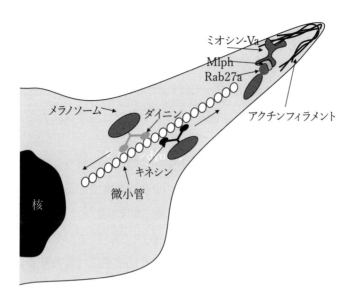

**図4** メラノソームの樹状突起先端への移動[9]

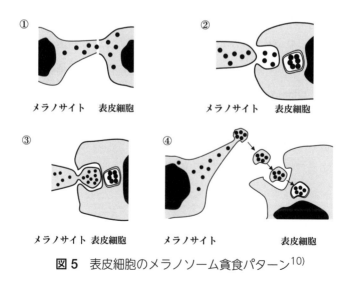

**図5** 表皮細胞のメラノソーム貪食パターン[10]

① メラノサイトの樹状突起の先端の細胞膜と表皮細胞の細胞膜が融合し、その融合部分を通じてメラノソームが表皮細胞へ移送される。

② 個々のメラノソームがメラノサイトの樹状突起の先端から、個々に分泌される。そのメラノソームを表皮細胞が貪食する。

③ メラノソームの樹状突起の先端に集まったメラノソームを表皮細胞が細胞膜ごとメラノソームを貪食する。

④ メラノソームの樹状突起の先端に集まったメラノソームは、集合体としてエクソソーム (exosome) のような形で分泌される。その集合体を表皮細胞が細胞膜ごと貪食する。

　最近の研究では、①と④のプロセスの存在が報告されている。

　メラノソームの表皮細胞による貪食の分子機構は PAR-2(protease-activated receptor-2) の活性化により説明されている。PAR-2 は 7 回膜貫通型の G-タンパクを備えた受容体であり、セリンプロテアーゼにより細胞膜から外側に飛び出た部分が切断され、その切断端が受容体に結合することにより活性化される。その結果、貪食機能が亢進する（図 6）。この作用は、トリプシンインヒビターによる活性化の阻害が貪食能を低下することから確認されている[11]。

## 10. 貪食されたメラノソームの運命

　表皮細胞に貪食されたメラノソームは、メラノソームの脂質

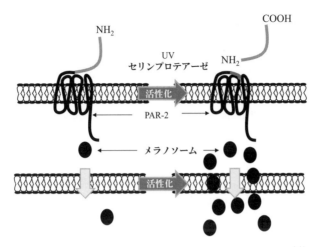

**図6** 表皮細胞の PAR-2 によるメラノソームの貪食[11]

膜から消化され、次にメラニンタンパク複合体が分解され、順次サイズの小さいメラニン顆粒に消化されてしまう。この消化のプロセスはライソゾームへメラノソームが取り込まれたオートファジー (autophagy) のプロセスによって進行することが報告されている[12]。オートファジーとは細胞内のタンパク質を分解するための仕組みの一つであり、自食とも呼ばれる。細胞内での異常なタンパク質の蓄積を防ぎ、過剰にタンパク質を合成したときや栄養環境が悪化したときにタンパク質のリサイクルを行うなど、生体の恒常性維持に関与するメカニズムのことである。

## 文献

1.  Hempel K. *Z Naturforsch B.* **22**: 173–80. (1967)

2.  Furumura M, Sakai C, Abdel-Malek Z, *et al. Pigment Cell Res.* **9**:

191–203. (1996)

3. Yamaguchi Y, Hearing VJ. *Biofactors.* **35**: 193–9. (2009)

4. Solano F, Martínez-Esparza M, Jiménez-Cervantes C, *et al. Pigment Cell Res.* **13** Suppl 8: 118–24. (2000)

5. Lee ST, Nicholls RD, Jong MT, *et al. Genomics.* **26**: 354–63. (1995)

6. Ancans J, Tobin DJ, Hoogduijn MJ, *et al. Exp Cell Res.* **268**: 26–35. (2001)

7. Yamaguchi Y, Brenner M, Hearing VJ. *J Biol Chem.* **282**: 27557–27561. (2007)

8. Wan P, Hu Y, He L. *Mol Cell Biochem.* **354**: 241–6. (2011)

9. Wasmeier C, Hume AN, Bolasco G, *et al. J Cell Sci.* **121** (Pt 24): 3995–9. (2008)

10. Ando H, Niki Y, Yoshida M, *et al. Cell Logist.* **1**: 12–20. (2011)

11. Seiberg M, Paine C, Sharlow E, *et al. Exp Cell Res.* **254**: 25–32. (2000)

12. Murase D, Hachiya A, Takano K, *et al. J Invest Dermatol.* **133**: 2416–24. (2013)

# 第11章　太陽紫外線により亢進する色素産生

　美白効果は、医薬部外品の薬用化粧品において謳える効能効果であり、その効果は既存のシミに対してではなく、「紫外線により生成するシミを目立たなくさせる」という効能があらわすように紫外線により生成するシミに限定されている。

　そこで、今回は、紫外線によって色素産生が亢進する作用メカニズムと薬用化粧品の美白主剤について紹介する。

## 1.　紫外線により亢進する色素産生

　紫外線により亢進する黒化反応には2種類ある。皮膚が紫外線曝露後、短時間で生じる即時黒化反応と、曝露から1週間程度で確認される遅延黒化反応である。即時黒化反応はUVAにより表皮細胞中に存在するメラニンモノマーが光酸化を受けて重合することにより一時的に観察される黒化反応であり、速やかに消退する。しかしながら、曝露したUVAエネルギーが強い場合は、持続型の即時黒化反応となり、しばらく消退することはない。この持続型即時黒化反応を利用してUVA防止効果は測定される。美白化粧品の対象となる色素産生は限局性で且つ持続型の色素沈着であり、遅延黒化反応の延長線上にある限局的な色素沈着であると理解されている。太陽紫外線の曝露は、皮膚内部で過剰の活性酸素生成を誘導し炎症を引き起こすこと

が知られている。太陽光線曝露による遅延黒化反応の前段階では、必ず紅斑反応が生じる。つまり、遅延黒化は炎症の最終産物と考えることができる。炎症は太陽光線によってのみ引き起こされるわけではなく皮膚一次刺激反応やアレルギー反応のように色々な原因で生じる炎症反応によって惹起される。よって、他の原因で惹起された炎症反応の治癒後にも皮膚黒化は高い頻度で観察される。

　色素産生はメラノサイト内で生じる過程であることから、美白研究の初期にはメラノサイトを中心にメラニン産生メカニズムの解明研究や有効成分開発が行われてきた。しかしながら、近年ではメラノサイトを取り巻く表皮細胞や線維芽細胞の色素産生に対する関与が明らかとなり、紫外線による色素産生のメカニズムの多くは表皮細胞を介したメカニズムで説明されるようになった。

## 2.　メラノサイト刺激因子

　紫外線曝露した皮膚では種々のメラノサイト刺激因子が表皮細胞やメラノサイト自身から分泌される。これらメラノサイト刺激性因子がパラクライン的（ある細胞が合成・分泌した物質が多種の細胞の生理機能に影響を及ぼす）に、あるいはオートクライン的（ある細胞が合成・分泌した物質が自身を含めた同種の細胞の生理機能に影響を及ぼす）に作用し色素産生を誘発する。このような作用を示すメラノサイト刺激因子には、ET-1 (endothelin -1)、SCF (stem cell factor)、α-

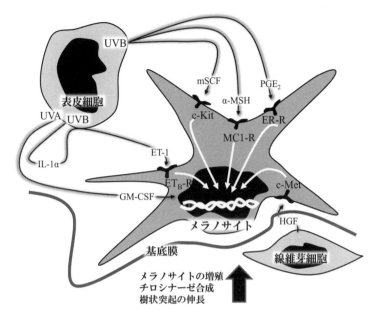

**図 1** 紫外線により産生されるメラノサイト刺激因子

MSH (α-melanocyte-stimulating hormone)、bFGF (basic-fibroblast growth factor)、HGF (hepacyte growth factor)、GM-CSF (Granulocyte/Macrophage colony-stimulating Factor)、LCT4 (Leukotriene C4)、LTG4 (Leukotriene G4)、$PGF_2$(Prostaglandin $G_2$) などがある。これらの中で主要な因子を紹介する（図 1）。

**ET-1**；ET-1 は血管内皮細胞によって産生され、血管収縮作用を持つことが知られている。この ET-1 は、$ET_B$-R を介して PKC（プロテインキナーゼ C）とアデニルシクラーゼ系を活性化することによりメラノサイトの増殖およびチロシナーゼ合成を促進し色素沈着を生じる[1]。ET-1 は表皮細胞から UVB 照射によ

り産生されるが、その産生メカニズムは UVB 照射により分泌された IL-1α が表皮細胞から分泌され、IL-1α がオートクライン的に働き、ET-1 の分泌を亢進することで説明されている[2]。

**SCF/c-kit**；表皮細胞で発現した SCF は、メラノサイトに存在する SCF の受容体である c-kit を介してメラノサイトの活性化に働く[3]。SCF には膜結合型と遊離型が存在するが、ヒト表皮細胞への UVB 照射は、膜結合型 SCF の産生を高め、さらにメラノサイトでは c-kit を増加させる。SCF/c-kit シグナルによって活性化されたメラノサイトでは、MITF (Microphthalmia-associated transcription factor) の転写活性が高まり、チロシナーゼのタンパク発現が増加する[4]。さらに、SCF/c-kit シグナルは、メラノサイトの増殖も促進する[5]。限局性白斑患者の 75%は c-kit の遺伝子異常であることが報告されていることから、皮膚色決定に関係するメラニン合成に SCF/c-kit シグナルが関与している可能性が示唆される[6]。

**α-MSH**：α-MSH はプロオピオメラノコルチン (POMC: pro-opiomelanocrtin) 由来のホルモンである。POMC はアデノコルチコトロピン (ACTH: adrenocorticotropic hormone)、リポトロフィン (LPH: lipotrophin)、エンドルフィン (endorphin) などの前駆タンパクである[7]。表皮細胞が産生する α-MSH、ACTH[8] が、メラノコルチンレセプター (MC-R: melanocrtin receptor) を介してメラノサイトを活性化する。MC-R は 5 種類が同定されているが、メラノサイトの活性化には MC1-R が関係している[9]。α-MSH は、MC1-R を介してアデニルシクラーゼ系を活性化することによりメラノサイトの増殖およびチロシ

ナーゼ産生を高める[10]。

**b-FGF**；b-FGF は、表皮細胞から分泌されアデニルシクラーゼ系を活性化することによりメラノサイトを増殖させる[11,12]。

**HGF**；HGF は、線維芽細胞から分泌され、メラノサイトに存在する HGF の受容体 c-met を介してメラノサイトを増殖させる[13]。

**GM-CSF**；GM-CSF は好中球、単球、マクロファージの分化に関与する因子である。UVA 照射表皮細胞から分泌された GM-CSF がメラノサイトの増殖因子として働く[14]。

**炎症系化学伝達物質**；炎症反応が色素沈着を誘導することから、炎症反応惹起系としては、アラキドン酸カスケードが注目されている。アラキドン酸カスケードの起点である $PLA_2$ (phospholipase$A_2$) によって細胞膜より切り出されたアラキドン酸が、種々の酵素的な修飾を受けることにより合成される $LTC_4$、$PGE_2$ にメラノサイトの増殖促進作用が確認されている[15,16]。さらに、$PGE_2$ は、メラノサイトの樹状突起の伸長にも関与しておりメラノソームの表皮細胞への移送を促進する[17]。

その他炎症系のメディエーターとしてヒスタミンに色素沈着の惹起作用があることも報告されている[18]。ヒスタミンは、H2 レセプターを介してアデニルシクラーゼ系の活性化によりメラノサイトの増殖、チロシナーゼタンパクの発現亢進を行う。さらに、紫外線による色素沈着が、H2 ブロッカーによって抑制されることも確認されている[19]。

## 3. 活性酸素

H$_2$O$_2$ は、PGE$_2$ の合成亢進を介して色素産生を高めるが[20]、その他の活性酸素で色素産生に関与していることが確認されているものに一酸化窒素ラジカル (NO•) がある。NO• は血管内皮細胞において血管拡張作用をもつ拡散性のフリーラジカルとして発見され、UVB 照射の初期に産生が高まることが確認されている。紫外線紅斑の出現は、NO• による皮膚微少循環系の亢進に由来することが説明されている[21]。NO• の生理学的作用としては細胞内でグアニレートシクラーゼ系を活性化し cGMP (cyclicGMP) の産生を高めることはよく知られている[22]。また、紫外線により誘導される色素沈着においても NO• が cGMP 依存性のキナーゼを介して重要な働きをすることが見出されている[23]。

## 4. 医薬部外品主剤

医薬部外品の薬用化粧品の美白主剤として、厚生労働省から承認された成分とその作用メカニズムを表 1 にまとめた。さらに主な美白剤の化学構造を図 2 に示した。

### 4.1. チロシナーゼ活性に作用点を持つ美白主剤

多くは、紫外線により増加したチロシナーゼタンパクの活性阻害を主な作用メカニズムとしている。チロシナーゼはメラニン合成の主要酵素である。この活性を阻害することによりメラ

表1 医薬部外品，薬用化粧品，美白主剤とその作用メカニズム

| 薬剤名 | 通称名 | 作用メカニズム |
|---|---|---|
| プラセンタ | | |
| アスコルビン酸リン酸マグネシウム | VCPMg/APM | チロシナーゼ活性阻害 |
| アスコルビン酸リン酸ナトリウム | VCPNa/APNa | チロシナーゼ活性阻害 |
| アスコルビン酸グルコシド | AA2G | チロシナーゼ活性阻害 |
| β-アルブチン | アルブチン | チロシナーゼ活性阻害 |
| コウジ酸 | | チロシナーゼ活性阻害 |
| 4-ブチルレゾルシノール | ルシノール | チロシナーゼ活性阻害 |
| エラグ酸 | | チロシナーゼ活性阻害 |
| カモミラET | | ET-1作用阻害 |
| リノール酸 | リノレックスS | チロシナーゼ分解促進 |
| トラネキサム酸 | m-トラネキサム酸 | 抗炎症作用 |
| マグノリグナン | | チロシナーゼ成熟阻害 |
| アスコルビン酸エチルエーテル | | メラニンモノマー酸化重合阻害 |
| 4-メトキシサリチル酸カリウム塩 | 4-MSK | 表皮ターンオーバー促進 |
| アデノシン一リン酸二ナトリウム | エナジーシグナルAMP | 表皮ターンオーバー促進 |
| テトラヘキシルデカン酸アスコルビル | VC-IP | 抗炎症作用（PGE2産生抑制） |
| 4-(4-ヒドロキシフェニル)-2-ブタノール | ロデノール | チロシナーゼ活性阻害 |
| トラネキサム酸セチルエステル | TXC | 抗炎症作用（PGE₂産生抑制） |
| ナイアシンアミド | | メラノソーム移送阻害 |

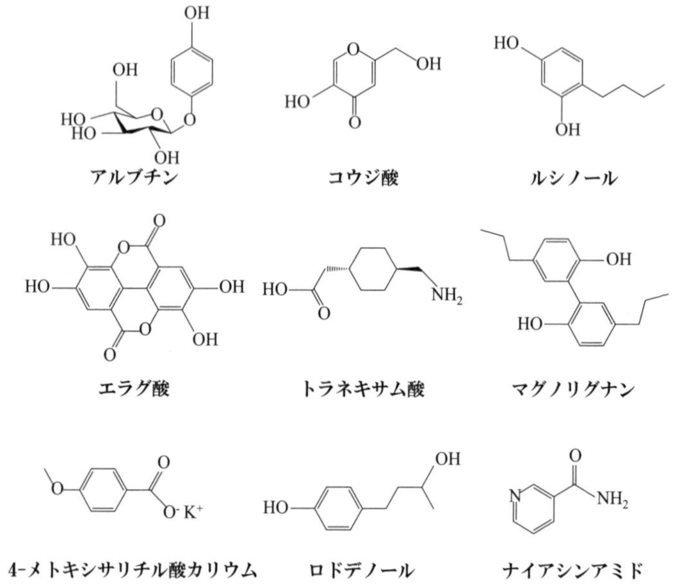

アルブチン コウジ酸 ルシノール

エラグ酸 トラネキサム酸 マグノリグナン

4-メトキシサリチル酸カリウム ロドデノール ナイアシンアミド

**図2** 主な美白剤の化学構造

ニン量を減少させる。チロシナーゼ活性阻害作用により承認を
受けた主剤の代表的な薬剤は、アスコルビン酸誘導体である。
アスコルビン酸は水溶性のビタミンであり、抗酸化作用を持つ
ことはよく知られている。アスコルビン酸誘導体のチロシナー
ゼ活性阻害作用は、ドーパからドーパキノンへの酸化過程を還
元してドーパクロムへの反応を進行させないことによりメラニ
ン合成を抑制する。紫外線による紅斑は活性酸素により生成す
ることから、アスコルビン酸誘導体は抗炎症作用も有してい
る[24]。

　また、β-アルブチン、4-(4-ヒドロキシフェニル)-2-ブタノー
ル、4-ブチルレゾルシノールは、チロシンとドーパと類似化学

構造をとっていることから、チロシンとの拮抗作用によりチロシナーゼ活性を阻害していると考えられる。コウジ酸は、チロシナーゼの活性中心に存在する $Cu^{2+}$ をキレートすることにより活性を阻害する。

## 4.2. チロシナーゼタンパクの減少に作用点を持つ美白主剤

　チロシナーゼタンパク量の制御を作用メカニズムとする主剤に、リノール酸とマグノリグナンがある。チロシナーゼタンパクはリボソームで合成された後、小胞体からゴルジを経てメラノソームへ移送される。この過程をチロシナーゼの成熟と呼ぶ。移送にはチロシナーゼの糖鎖修飾が正しく行われる必要があるが、糖鎖修飾に誤りがあるとメラノソームへの移送は行われずユビキチン-プロテアソーム系により分解される。リノール酸は、ユビキチン-プロテアソームによりチロシナーゼの分解を促進し、マグノリグナンもチロシナーゼの成熟を阻害することにより、チロシナーゼタンパク量を減少させることによりメラニン合成を減少させる[25,26]。

## 4.3. メラノサイト活性化シグナルのブロックに作用点を持つ美白主剤

　チロシナーゼに直接的には作用しないが、メラノサイトの増殖およびチロシナーゼタンパクの発現を亢進するシグナルを抑制する作用メカニズムを持つ美白主剤に、カモミラ ET とトラネキサム酸、アスコルビン酸テトライソパルミテート、トラネ

キサム酸セチルがある。カモミラ ET は ET-1 の作用をブロックすることにより色素産生を抑制する[27]。また、トラネキサム酸、アスコルビン酸テトライソパルミテートおよびトラネキサム酸セチルは、炎症性のケミカルメディエーター $PGE_2$ の産生抑制により、$PGE_2$ の作用をブロックし、色素産生を抑制する[28]。

## 4.4. メラニン排出促進に作用点を持つ美白主剤

4-メトキシサリチル酸カリウム塩、アデノシン一リン酸二ナトリウムは、表皮のターンオーバーを促進することによりメラニン色素の排出を促進する。4-メトキシサリチル酸カリウム塩については部外品承認時の作用メカニズムはチロシナーゼの活性阻害であったが、サリチル酸の角層溶解作用を合わせ持つことから、ピーリング効果によるメラニン色素の排出促進効果が考えられる。アデノシン一リン酸二ナトリウムは、表皮細胞の増殖促進作用に由来するメラニン色素の排出促進効果が考えられる。

## 4.5. その他の作用点を持つ美白主剤

ナイアシンアミドは、表皮細胞へのメラノソームの移送を阻害することにより色素沈着を抑制する[29]。

アスコルビン酸の誘導体の中でアスコルビン酸エチルエーテルは、他のアスコルビン酸誘導体とは作用が異なり、表皮細胞へ移送されたメラノソーム内のメラニンモノマーが UVA により酸化重合して黒化することを抑える[30]。

## 5. メラノサイト活性化について最近のトピックス

　これまでメラノサイトの活性化には、メラノサイトの周囲を取り巻く表皮細胞から分泌される因子を中心に議論されてきた。しかしながら、最近の報告では真皮からの因子もメラノサイトの活性化に関与する可能性が報告されている。表皮と真皮の間には基底膜が存在し、両者の構造を維持している。基底膜の基本構造は、タイプⅣコラーゲンとラミニン 5/332 で構成されているが、糖タンパクであるヘパラン硫酸も存在している。

　老人性色素斑部位では、ヘパラナーゼの増加に伴う基底膜のヘパラン硫酸 (heparan sulfate) の減少が観察される。この事実は、基底膜構造の脆弱化を示唆しており、真皮組織からの因子が表皮へ作用しやすくなることを示唆している。老人性色素斑へのヘパラナーゼの阻害剤の投与は、ヘパラン硫酸量の回復と表皮でのメラニン産生の低下を誘導する。この事実は、真皮からの因子がメラノサイトに作用し活性化に関与していることを示唆している[31]。

## 文献

1.　Imokawa G, Miyagishi M, Yada Y. *et al. J Invest Dermatol.* **105**: 32–7. (1995)

2.　Yada Y, Higuchi K, Imokawa G. *J Biol Chem.* **266**: 18352–7. (1991)

3.  Hachiya A, Kobayashi A, Ohuchi A, *et al. J Invest Dermatol.* **116**: 578–86. (2001)

4.  Bertolotto C, Buscà R, Abbe P, *et al. Mol Cell Biol.* **18**: 694–702. (1998)

5.  Kawaguchi Y, Mori N, Nakayama A. *J Invest Dermatol.* **116**: 920–5. (2001)

6.  Giebel LB, Spritz RA. *Proc Natl Acad Sci* U S A. **88**: 8696–9. (1991)

7.  Bertagna X. *Endocrinol Metab Clin North Am.* **23**: 467–85. (1994)

8.  Schauer E, Trautinger F, Köck A, *et al. J Clin Invest.* **93**: 2258–62. (1994)

9.  Suzuki I, Cone RD, Im S, *et al. Endocrinology.* **137**: 1627–33. (1996)

10. Schwahn DJ, Xu W, Herrin AB, *et al. Pigment Cell Res.* **14**: 32–9. (2001)

11. Halaban R, Langdon R, Birchall N, *et al. J Cell Biol.* **107**: 1611–9. (1988)

12. Halaban R, Ghosh S, Baird A. *In Vitro Cell Dev Biol.* **23**: 47–52. (1987)

13. Matsumoto K, Tajima H, Nakamura T. *Biochem Biophys Res Commun.* **176**: 45–51. (1991)

14. Imokawa G, Yada Y, Kimura M, *Biochem J.* **313**: 625–31. (1996)

15. Maeda K, Naganuma M. *Photochem Photobiol.* **65**: 145–9. (1997)

16. Morelli JG, Yohn JJ, Lyons MB, *et al. J Invest Dermatol.* **93**: 719–22. (1989)

17. Scott G, Fricke A, Fender A, *et al. Exp Cell Res.* **313**: 3840–50. (2007)

18. Tomita Y, Maeda K, Tagami H. *J Dermatol Sci.* **6**: 146–54. (1993)

19. Yoshida M, Takahashi Y, Inoue S. *J Invest Dermatol.* **114**: 334–42. (2000)

20. Ochiai Y, Kaburagi S, Okano Y, *et al. Int J Cosmet Sci.* **30**: 105–12. (2008)

21. Warren JB. *FASEB J.* **8**: 247–51. (1994)

22. Murad F, Forstermann U, Nakane M, *et al. Adv Second Messenger Phosphoprotein Res.* **28**: 101–9. (1993)

23. Roméro-Graillet C, Aberdam E, Clément M, *et al. J Clin Invest.* **99**: 635–42. (1997)

24. Ochiai Y, Kaburagi S, Obayashi K, *et al. J Dermatol Sci.* **44**: 37–44. (2006)

25. Ando H, Wen ZM, Kim HY, *et al. Biochem J.* **394**: 43–50. (2006)

26. Nakamura K, Yoshida M, Uchiwa H, *et al. Pigment Cell Res.* **16**: 494–500. (2003)

27. Imokawa G, Kobayashi T, Miyagishi M, *et al. Pigment Cell Res.* **10**: 218–28. (1997)

28. Maeda K, Naganuma M. *J Photochem Photobiol B.* **47**: 136–41. (1998)

29. Hakozaki T, Minwalla L, Zhuang J, *et al. Br J Dermatol.* **147**: 20–31. (2002)

30. Maeda K, Hatao M. *J Invest Dermatol.* **122**: 503–9. (2004)

31. Iriyama S, Ono T, Aoki H, *et al. J Dermatol Sci.* **64**: 223–8. (2011)

# 第12章　にきび

　医学的には尋常性痤瘡、いわゆる"にきび"について、その症状と原因について解説する。にきびは、思春期以降に発症し、いったんは酷くなっても、通常は加齢に伴い軽快する。にきびは90%以上の人が経験する[1]といわれているが、にきびが好発する部位が顔面であることから、思春期の多感な時期においては、生活の質にも影響し、多くの人が悩む皮膚疾患のひとつである。それにもかかわらず、にきびで皮膚科を受診する人は少ないことから、にきびの再発あるいは増悪防止における化粧品の役割は大きい。

　にきびに対処するための薬剤には、皮膚科で処方される医療用医薬品、薬局で、自分で購入できるOTC医薬品、そして薬用化粧品がある。症状に応じて何を使えばよいかといった判断は、皮膚を健康に維持する上で非常に大切になる。しかし、同一のにきびがずっと存在するわけではなく、その近傍に新しいにきびができることで、その症状が継続する。そのため、新しいにきびの発生を抑えることがにきびを改善するよい方法となる。

## 1.　にきびの症状

　痤瘡とは、毛孔に一致して炎症をおこし、紅斑や膿疱などの症状を呈する状態をさす。痤瘡には、薬剤による痤瘡、感染に

よる痤瘡など、数多くの原因がある[2]が、なかでも、いわゆる
"にきび"と呼ばれ、化粧品のターゲットとなるものは尋常性痤
瘡である。にきびは、皮脂腺から分泌された皮脂の皮表への出
口である毛孔が閉塞され、内部でアクネ菌が増殖して炎症を
起こした症状である。そのため、にきびは大きな皮脂腺をもつ
部位、すなわち顔面や胸背部にできることが多く、その症状に
よって、炎症をともなわない面皰（コメド）と、炎症をともな
う紅色丘疹、膿疱に分類される。

　面皰には微小面皰、閉鎖面皰、解放面皰がある。微小面皰は
まだ皮膚表面に膨らみとして認められないような状態で、毛孔
が詰まっただけの状態である。閉鎖面皰は毛孔がつまり、少し
膨らんだ状態で、先端が白く見えるため白にきびともよばれる。
解放面皰はさらに面皰の内容物が多くなり先端が開き、黒く見
えるものをいい、黒にきびともよばれる。

　この黒にきびの状態に炎症が惹起されると紅色丘疹となり、
これが悪化したものが膿疱である（図 1）。膿疱がさらに悪化す
ると、強い炎症を伴う嚢腫や結節を生じる。

　日本皮膚科学会の尋常性痤瘡治療ガイドラインには、本邦痤
瘡患者における痤瘡重症度判定基準[3]として、皮疹の個数によ
る定義が記載されている（表 1）。


## 2.　にきびの発症機序

　先に述べたように、にきびの発症は、皮脂の出口が閉塞され
ることによって面皰が形成され、その後、炎症が惹起されて増

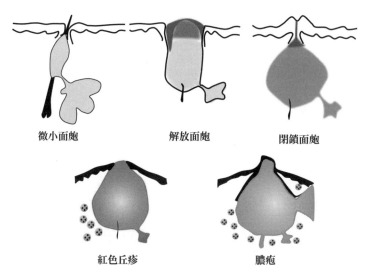

微小面皰　　　　　　解放面皰　　　　　　閉鎖面皰

紅色丘疹　　　　　　　　膿疱

**図 1**　にきびの増悪過程とそれぞれの状態

**表 1**　尋常性痤瘡の重症度

| 重症度 | 判定基準 |
| --- | --- |
| 軽症 | 片顔に炎症性皮疹が 5 個以下 |
| 中等症 | 片顔に炎症性皮疹が 6 個以上 20 個以下 |
| 重症 | 片顔に炎症性皮疹が 21 個以上 50 個以下 |
| 最重症 | 片顔に炎症性皮疹が 51 個以上 |

悪するという過程を経る。これらの発症・増悪の原因について
述べる（図 2）。

## 2.1.　皮脂分泌の亢進

　皮脂腺における皮脂の産生は複数の内分泌因子によってコントロールされている。その中でもっとも古くから知られている

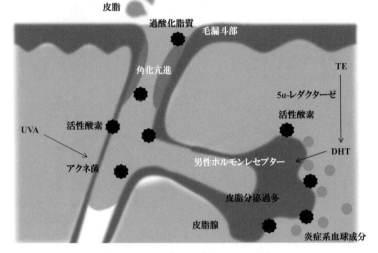

**図2** にきびの発症と増悪要因

のが、男性ホルモンである。これは、1984年にShalitaらの
血中の男性ホルモン濃度と皮脂分泌量の相関関係により明らか
にされた[4]。代表的な男性ホルモンはテストステロン (TE) であ
り、男性の血中TE濃度は女性の約10倍である。これが、特に
男性が思春期ににきびを発症しやすい理由である。血中のTE
は標的組織である皮脂腺に到達すると、そこにあるI型5$\alpha$-レ
ダクターゼによって、より男性ホルモンレセプターへの親和性
がより高いジヒドロテストステロン (DHT) に変換される。に
きび好発部位の顔面、頭部の皮膚ではI型5$\alpha$-レダクターゼが
多く存在し、そのほとんどが皮脂腺に集中していることが報告
されている[5]。生成したDHTは脂腺細胞にあるレセプターに
結合することによって男性ホルモン作用を発揮し、皮脂合成が

活性化される。

　近年、男性ホルモン以外にも脂腺細胞に作用する α-メラノサイト刺激ホルモン (α-MSH) と副腎皮質ホルモン (CRH) のような内分泌因子が多数存在することが報告されている。メラノコルチンレセプター (MC-R) が脂腺細胞に存在し[6]、TE 存在下、α-MSH が MC-R を介してヒト脂腺細胞の株化細胞であるSZ95 の脂質合成を促進することが報告されている[7]。また、皮脂腺に発現している副腎皮質ホルモン (CRH) レセプターを介して、CRH が脂質合成を促進する[8]。

## 2.2.　毛漏斗部の角化異常

　前述のように、にきび発症の第一段階は毛孔の詰まりである。これは脂漏性毛包の上部である毛漏斗部の表皮組織が角化亢進を起こし、閉塞状態となって発症する。角化亢進の原因については次のような報告がある。

1)　遊離脂肪酸
2)　表皮脂質の組成変化
3)　皮脂中の過酸化脂質の増加

　嫌気性皮膚常在菌である *Propionibacterium acnes*（アクネ菌）が産生するリパーゼにより皮脂中のトリグリセライドが分解されて生じる遊離脂肪酸が刺激となって毛漏斗部の表皮細胞の角化亢進がおこる[9] ことが面皰生成の要因と考えられている。これは毛漏斗部の角化異常の原因として、古くからたいへんよく知られた作用機序である。

また、表皮脂質の組成変化により引起される毛漏斗部の角化異常については、以下のことが明らかとなっている。面皰付近の表皮においてリノール酸が欠乏することによって、バリア機能が低下し[10]、その結果として誘導される IL-1α が角化亢進を引き起こす[11]。さらに、重症のにきび患者の表皮ではスフィンゴシンおよびセラミド量が減少し、バリア機能が低下している[12]。あるいは、オレイン酸塗布部位では、ラメラボディが減少すること[13] が報告されている。この事実から考えると皮脂中のトリグリセライドが加水分解されて生成したオレイン酸が表皮のラメラボディの生成を抑制し、その結果としてセラミド量の減少を引起すことが、毛漏斗部の表皮細胞の角化亢進につながることを示している。

皮脂成分の過酸化脂質は以下のような経路で生成される。アクネ菌が産生するコプロポルフィリンが UVA に対する光増感剤として働き、一重項酸素を産生する。一重項酸素は皮脂中のスクワレンや不飽和脂肪酸と反応して過酸化脂質を産生する。皮脂中の過酸化脂質による毛漏斗部の角化異常については、以下のような報告がなされている。Motoyoshi らは遊離脂肪酸だけではなく、皮脂中の不飽和化合物がアクネ菌の作用によって生成された過酸化脂質が、表皮細胞を刺激することを明らかにしている[14]。またスクワレンそのものには面皰形成能は低いが、スクワレンの過酸化物は非常に強い面皰形成能を有することも報告されている[15]。

さらに、角化異常を引き起こす要因として機械的刺激が知られている。頬杖をつく顎、前髪がふれる額のにきびがそれであ

る。これらは機械的刺激が表皮に加わることが引き金となって角化亢進がおこる。また、化粧品も面皰形成を惹起する場合がある。そのため、近年では製品保証の一環として、コメド非形成を確認する試験を実施することがある。

## 2.3. アクネ菌の作用

にきびから単離される菌のなかで、最もにきびの病態に寄与しているのは、アクネ菌である。アクネ菌は好脂質性の嫌気性グラム陽性桿菌であり、皮膚常在菌として、本来は皮膚の恒常性維持にかかわっている細菌である[16]。前述の毛漏斗部の角化異常による毛孔の閉塞によって脂腺内の環境はアクネ菌の生育にとって好条件になる。アクネ菌はリパーゼを産生し、皮脂中のトリグリセライドを分解し、産生したオレイン酸を資化して増殖する。アクネ菌はリパーゼ以外に好中球に対する走化性因子、ヒアルロニダーゼやさまざまなプロテアーゼを産生し、これらは毛包壁の破壊に関与し、結果として非炎症性のにきびを炎症性のにきびに誘導することが知られている。浸潤した好中球はライソソーム酵素や活性酸素を産生し、さらに組織を傷害することが知られている。

さらに、Iinuma らは、アクネ菌の培養上清あるいは菌体抽出物が、脂腺細胞の脂質合成を促進することを報告した[17]。またアクネ菌が表皮細胞の Toll-like recptor 2 (TLR2) の発現を高め IL-8 の分泌を誘導する[18]。さらに、アクネ菌は TLR2 を介して単球に作用し、IL-12 や IL-8 を誘導すること、この TLR2 がにきび皮疹部の毛包脂腺周辺の表皮に浸潤しているマクロ

ファージの細胞表面に発現していることが報告されている[19]。

このように、アクネ菌はにきびにおいて、皮脂合成を促進することにより、より良い生育環境を構築し、さらに TLR2 を介した作用により面皰形成から炎症をへて重症化にいたるまでの過程に寄与している。

## 2.4. 活性酸素

Akamatsu らは一般ににきび治療薬剤として用いられる抗菌剤が他の抗菌剤と比較して好中球由来の活性酸素消去作用が強いこと、また抗原虫薬でありアクネ菌に対する抗菌活性を示さないメトロニダゾールが、好中球由来の活性酸素消去作用を介してにきび治療に有効であることから、好中球由来の活性酸素がにきびにおける炎症惹起に大きく関与していることを示している[20]。

夏場ににきびが悪化することはよく知られているが、これは紫外線のにきびへの影響が考えられる。にきびの悪化における紫外線の影響は下記の事実から説明される。培養ハムスター脂腺細胞への UVB の照射は、脂質合成を増加させることからアクネ菌の好生育条件が夏場の皮膚では形成される[21]。また、紫外線に曝露された皮膚では、さまざまな活性酸素種が発生することにより皮脂成分の過酸化反応が進行し、活性酸素が脂腺細胞および表皮細胞に直接作用するほかに、脂質過酸化物が面皰の形成から炎症惹起の過程を亢進する。以上の事象が夏場のにきびの悪化の要因と考えられる。

## 2.5. その他の因子

　にきびの発症にはそのほかに遺伝的要因、食事、体調などにも影響されるが、なかでも精神的ストレスの作用について、近年数多くの報告がある。ストレスによって発症する機序としては、内分泌因子である CRH、α-MSH が皮脂産生を亢進させることはすでに述べたが、そのほかにストレスによって産生誘導されるサブスタンス P(SP) の関与も報告されている。にきびの皮疹部においては、SP 陽性神経線維が密に分布していること、また、分泌された SP が脂腺細胞の増殖と分化双方に作用することが報告されている[22]。SP は肥満細胞に作用し、脱顆粒を引き起こすことはよく知られており、にきび皮疹部には肥満細胞が多数浸潤していることから、SP がこれらに作用し、さまざまな炎症反応を惹起することは容易に推測できる。

## 文献

1.　林伸和, 赤松浩彦, 岩月啓氏, 他, 日皮会誌, **118**: 1893–1923 (2008)

2.　赤松浩, *Visual Dermatology*, **2**: 223–226. (2003)

3.　Hayahsi N, Akamatsu H, Kawashima M, *J Dermatol*, **35**: 255–26. (2008)

4.　Shalita AR, Freinkel AR, *J Am Acad Dermatol*, **11**: 957–960. (1984)

5.　Thiboutot D, Harris G, Hes V, *et al. J Invest Dermatol*, **105**: 209–214. (1995)

6. Böhm M, Schiller M, Ständer S, *et al*. *J Invest Dermatol*, **118**: 533–539. (2002)

7. Whang SW, Lee SE, Kim JM, *et al*. *Exp Dermatol*, **20**: 19–23. (2011)

8. Kono M, Nagata H, Umemura S, *et al*. *FASEB J* **15**: 2297–2299. (2001)

9. Kligman AM, Katz AG, *Arch Dermatol*, **98**: 53–57. (1968)

10. Downing DT, Stewart ME, Wertz PW, *J Am Acad Dermatl*, **14**: 221–225. (1986)

11. 上出康二, 皮膚科診プラクティス 18. にきび治療の技法, 文光堂, pp25–31. (2005)

12. Yamamoto A, Takenouchi K, Ito M, *Arch Dermatol Res*, **287**: 214–248. (1995)

13. 前田哲夫, 本好捷宏, フレグランスジャーナル, **1999–8**, 11–16. (1999)

14. Motoyoshi K, *Br J Dermatol*, **109**: 191–198. (1983)

15. Kanaar P, *Dermatologica*, **142**: 14–22. (1971)

16. Koreck A, Pivarcsi A, Dobozy A, *et al*. *Dermatology* **206**: 96–105. (2003)

17. Iinuma K, Sato T, Akimoto N, Noguchi N, *et al*. *J Invest Dermatol*, **129**: 2113–2119. (2009)

18. Jugeau S, Tenaud I, Knol AC, *et al*. *Br J Dermatol*. **153**: 1105–13. (2005)

19. Kim J, Ochoa MT, Krutzik SR, *et al*. *J Immunol* **169**: 1535–1541. (2002)

20. Akamatsu H, Horio T, *Dermatology*, **196**: 82–85. (1998)

21. Akitomo Y, Akamatsu H, Okano Y, *et al*. *J Dermatol Sci*, **31**: 151–159. (2003)

22. Toyoda M, Nakamura M, Makino T, *et al. Exp Dermatol*, **11**: 241–247. (2002)

# 第13章　毛髪の構造とトラブル

## 1.　毛髪の基本構造

　毛髪は、皮膚と同じように、間葉系の細胞と上皮系の細胞からできている。間葉系細胞からなる球状の毛乳頭 (papilla) の周辺を取り囲むように上皮系の毛母細胞が存在し、これが増殖・分化することで、毛髪を形成する。毛組織は、毛幹とその周囲を取り囲む毛包（鞘）からなり、さらにその外側に結合織性外毛根鞘が存在する。血管は毛乳頭組織に存在し、さらに結合織性外毛根鞘の周囲を籠状に取り囲むように存在する（図 1）。

　毛幹は内部から毛髄 (medulla)、毛皮質 (cortex)、毛小皮 (cuticle) で構成されており、その主な成分はケラチンである（図 2）。表皮などの柔らかい組織に存在するケラチンがソフトケラチンであるのに対して、毛髪のケラチンはハードケラチンであり、内毛根鞘にはその中間の硬さの内毛根鞘型ケラチンが存在する[1]。

　毛母には毛包上皮細胞と色素細胞が存在し、色素細胞ではメラニンが産生され、メラノソームは周辺の上皮細胞へ輸送され、毛髪の色を発現する。

　毛幹を皮膚の内側で支える毛根鞘も毛母細胞の分裂・分化によって形成される。毛母部分より上部に行くにしたがって、層状構造が明確になり、輪切りにして観察すると、内側から内毛根

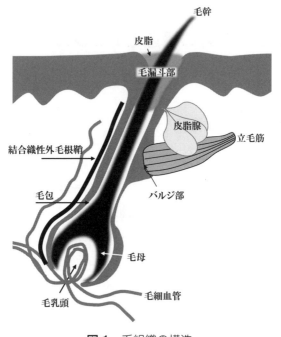

**図 1** 毛組織の構造

鞘 (inner root sheath)、外毛根鞘 (outer root sheath)、結合
織性外毛根鞘がある。内毛根鞘はさらに、内毛根鞘皮 (sheath
cuticle)、ハックスレー層、ヘンレ層に分かれる。毛根鞘は毛
母部から上部にいくと表皮直下に立毛筋が付着するふくらみの
部分があり、このふくらみをバルジ部とよぶ。上皮系幹細胞と
色素幹細胞はバルジ部に存在する[2]。バルジ上部には、皮脂腺
が開口しており、表皮部ですり鉢状に陥没した毛漏斗部を経て、
皮脂は表皮に分泌される。

　表皮より外側に出た毛髪には生細胞はなく、組織としてはす
でに分化し、死んでしまった組織である。そのため、いったん

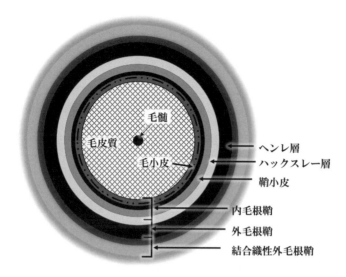

図 2　毛幹と毛包の断面図

損傷を受けた毛髪は皮膚の創傷治癒のように自然に修復されることはない。そのため、強いストレスやショックを受けた時に例えとしていわれる、『一夜にして黒髪が白髪になる』ということはありえない。

## 2.　毛周期と毛組織の構造変化

　先に述べたように、毛組織は再生と退縮を繰り返す毛周期をもつ（図 3）。毛周期は成長期（Anagen）、退行期（Catagen）、休止期（Telogen）にわかれる[3]。毛周期の長さは、部位による差と個人差が大きい。頭髪の場合は、成長期が数年（3 年から7 年）といわれ、全頭髪の約 85％が成長期にある毛髪で占め

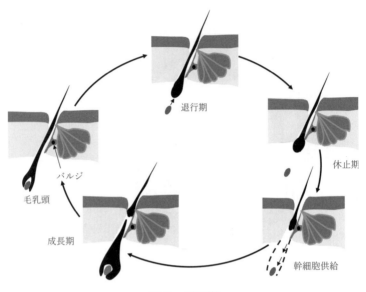

**図3** 毛周期

られるといわれている。成長期の長さが、毛髪の長さを決定する要因であり、体毛や眉毛の成長期は短い。頭髪の場合、これも頭部の部位差と個人差は大きいが、成長期の間は1日に0.3mm〜0.5mm程度伸長する。頭髪は約10万本あるので、毛髪1本の伸長に換算すると、頭全体で1日に50m伸びることになる。成長期の毛髪は、毛根部が真皮の下の脂肪層に達するほど深くまで伸びており、毛包を取り囲む毛細血管網も発達している。また、毛髪の太さは毛乳頭の大きさと相関するとも言われている。成長期のはじめの毛髪は、軟毛と呼ばれ、非常に細くやわらかい。しかしながら、しばらくすると毛髪は直径約0.08mmのしっかりとした硬毛になる。成長期が短いと、硬毛になる前に退行期に入ってしまうので、薄毛になる。後期

成長期になると毛包を取り囲む血管網が少なくなり、毛包が皮膚表面に向かって退縮しはじめ、やがて退行期にはいる。

退行期は2～3週間と言われ、全頭髪の約1～2%が退行期の毛髪が占める。退行期には、毛乳頭と毛幹が乖離し、毛髪は棍毛と呼ばれる状態になる。

休止期には毛包はさらに退縮し、毛乳頭もバルジ部直下まで上昇する。毛乳頭と上皮組織は乖離するが、毛嚢の中には棍毛は残存した状態のまま数か月間とどまる。この状態の休止期毛が全頭髪の約15%を占める。休止期が終わりに近づくと、毛乳頭が真皮深くまで下がり、それに向かって上皮組織が伸長をはじめ、成長期に移行する。新しい毛幹ができ始めると古い棍毛は抜け落ちる。1日に抜け落ちる毛髪は約100本と言われている。

毛周期がどのようにしてコントロールされているかは、まだ不明な点が多い。ヒトの頭皮では、一つの毛穴から複数本の毛髪が生えているが、それぞれの毛根は独立している。その周囲を取り巻く毛細血管は共有しているにもかかわらず、隣り合った毛根でも異なる毛周期にある場合が多い。近年、毛組織を形成する細胞間のクロストークの研究が盛んに行われるようになった。毛周期の過程で発現するサイトカインを図4に示した。数多くのサイトカインが上皮細胞あるいは毛乳頭細胞から産生され、相互に作用して毛周期がコントロールされているのがわかる。

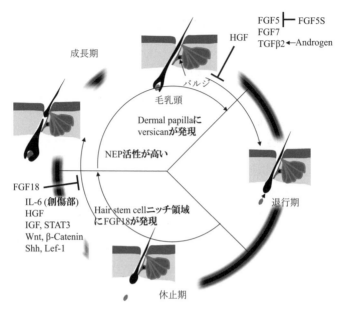

図中のテキスト：

成長期

HGF

FGF5 ⊣ FGF5S
FGF7
TGFβ2 ← Androgen

バルジ

毛乳頭

Dermal papillaに
versicanが発現

NEP活性が高い

退行期

FGF18
IL-6 (創傷部)
HGF
IGF, STAT3
Wnt, β-Catenin
Shh, Lef-1

Hair stem cellニッチ領域
にFGF18が発現

休止期

**図4** 毛周期に関与する増殖因子，サイトカイン類

## 3. 男性型脱毛症

AGA として一般にも広く認知されるようになった男性型脱毛症は、その名前 (Androgenetic Alopecia) が示すように、壮年性脱毛とも呼ばれ、男性に出現する。この原因は男性ホルモン作用であり[4]、男性ホルモンのテストステロン (TE)、ジヒドロテストステロン (DHT) が男性ホルモンレセプターに結合することにより発現する。面白いことに、男性ホルモンの作用は部位によってその作用が異なり、頭頂部あるいは前頭部においては、男性ホルモンは薄毛・脱毛に作用し、髭では濃くなる逆方向に作用する。側頭部の毛髪は、男性ホルモンの影響は受

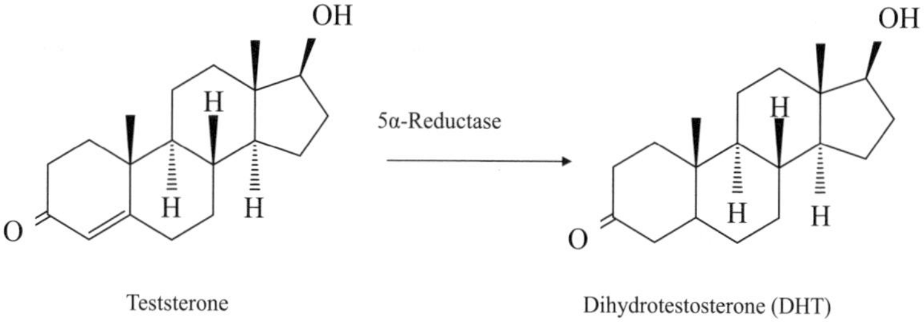

**図5** 5α-レダクターゼの働き

けない。このような男性ホルモン作用の発現には遺伝的要因が
強く関わっていることが知られている。

　血中の TE は、標的組織において、5α-レダクターゼによっ
てより男性ホルモンレセプターへの結合能の強い DHT へと変
換され（図5）、レセプターに結合し、作用を発揮する。5α-レ
ダクターゼには I 型（肝臓型）と II 型（組織型）の2種類があ
り、その反応の至適 pH が異なる。皮脂腺では pH7 で作用す
る I 型、毛包では pH5 で作用する II 型が TE の DHT への還元
に働くことが報告されている[5]。男性型脱毛症の内服治療薬と
して知られるフィナステリドは II 型 5α-レダクターゼを阻害す
る抗アンドロゲン薬である。

　男性型脱毛症は、前頭部から薄毛・脱毛が始まり後退してい
く M 型と、頭頂部が薄くなる O 型に分類される。男性型脱毛
症のタイプはハミルトン-ノーウッドの分類が最もよく知られて
いる[6]。これは脱毛の程度によって、クラス1からクラス7に
分類されている（表1）。日本人に多いパターンは、O 型から発
症して進行していくタイプであると言われている。

**表1** ハミルトン-ノーウッドの分類ごとの毛髪の状態

| 分類 | 毛髪の状態 |
|---|---|
| Class I | 脱毛薄毛が始まっていない段階。始まっていてもごくわずか。 |
| Class II | 額から 1.5 cm 程度前頭部生え際が後退している状態。 |
| Class III | 前頭部生え際があきらかにわかる程度に後退するか、頭頂部にわずかな O 型の脱毛が認められる状態。 |
| Class IV | さらに前頭部生え際が後退するか、頭頂部にあきらかな脱毛が認められる状態。しかしながら、頭頂部と前頭部の薄毛の間にはあきらかに毛髪のある部分が認められる。 |
| Class V | 前頭部の脱毛と頭頂部の脱毛の間に薄毛が進行し、両者がつながりつつある状態。 |
| Class VI | 前頭部の脱毛と頭頂部の脱毛の間はわずかに毛髪が認められる程度となりほぼつながった状態。 |
| Class VII | 後頭部および側頭部にしか毛髪が残っていない状態。 |

## 4. 女性の脱毛

　女性の脱毛は男性型脱毛症とは異なり、性ホルモンが関係するものではない。女性の脱毛の主なものとしては、分娩後脱毛症、瀰漫性脱毛症がある。

　分娩後脱毛症は、妊娠中の女性ホルモンの作用によって、毛周期が変化したことが原因で発症する脱毛症である。本来、休止期にはいるべき毛髪の成長期が女性ホルモンにより延長されるが、これが出産後にリセットされ毛周期が同調することによ

り、一時期に抜け毛が増えて薄毛になるものである。しかしながら、いったん同調した毛周期は時間とともにばらばらになるため、出産後半年から1年たてば、妊娠前の状態に戻る。

瀰漫性脱毛は中年以降の女性に見られる薄毛・脱毛で、男性のように前頭部や頭頂部に限らず、頭全体に薄毛が認められるようになるものである。特に頭頂部は毛髪にカバーされないため、進行すると地肌がすけてみえるようになる。その原因は、老化による毛組織の細胞代謝活性の低下、毛包を取り巻く血流の低下である。その結果、毛伸長速度が遅くなり、毛が細くなる。また近年は極端なダイエットによって栄養が偏り、薄毛になる場合もある。

女性でも閉経後の女性は、男性型脱毛症になる場合がある。この原因は男性のAGAと同じであるが、女性の場合には前頭部の脱毛は認められず、頭頂部に認められることが多い。女性の男性型脱毛症の分類はルートヴィヒ分類がある[7]。女性の場合は髪の分け目に見える地肌の太さによって、I〜III型に分類される。


## 5. 白髪

表皮のメラニンが、皮膚の紫外線による障害を防御するために存在することが知られているのに対して、毛髪のメラニンの生物学的意義はいまだに明らかではない。

毛組織の色素細胞は、表皮の色素細胞と比較すると大きく、樹状突起も長く、ゴルジ体や粗面小胞体も大きく、産生するメラノソームも大きいことが報告されている[8,9]。毛組織に存

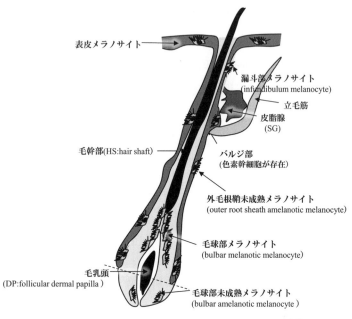

**図 6** 成長期ヒト毛組織での色素細胞の分布[10]

在する色素細胞は、分化の程度に従って未分化の色素幹細胞
(melanoblast とも呼ばれる)、未成熟でメラニンを産生しな
い色素細胞 (amelanotic melanocyte) と、メラニンをさかん
に産生する能力をもつ成熟色素細胞 (melanotic melanocyte)
に分類される。成長期の毛組織では、色素幹細胞は上皮幹細胞
と同じく、バルジ部(ニッチ領域)に存在する。成熟色素細胞
は毛母部に存在し、表皮の場合と同じく、色素細胞から上皮細
胞にメラノソームが輸送され、これが毛髪の色を決定する。未
成熟色素細胞は、毛漏斗部の表皮基底層、皮脂腺、外毛根鞘に
存在する(図6)[10]。

色素細胞の分布は、毛周期とともに劇的に変化する[10]。休止期で退縮した毛組織においては、バルジ部より下の色素細胞は色素幹細胞を残し、他は消失する。成長期初期にはいると、色素幹細胞の一部が分化をはじめ、未成熟色素細胞となり、毛包の伸長にともなって、外毛根鞘を伝って毛母部に移動し、成熟する。成熟した色素細胞では増殖を始めると同時に、メラニン合成関連タンパクである Tyrosinase、Dopachrome tautomerase (TRP-2)、DHICA oxidase (TRP-1)、c-kit などを発現し、メラニン合成を開始する。毛周期が休止期にはいると徐々に各種酵素の発現は低下し、アポトーシスによって色素細胞は消失する。このように、色素細胞は毛周期とともに、幹細胞から分化と消失を繰り返す。

　Nishimura らは、マウス髭において、加齢に伴って毛包内の色素幹細胞が枯渇し、白髪を発症することを報告した[11]。色素幹細胞の枯渇の原因としては、次のような報告がある。

　Inomata らはニッチ領域の色素幹細胞が外的刺激によってDNA 損傷を受けると、本来ニッチ領域から毛母に移動しながら分化するはずの色素幹細胞が、ニッチ領域にとどまったまま分化し、幹細胞としての性質を失ってしまい枯渇することを示した（図 7）[12]。

　Aoki らはニッチ領域での DNA 損傷の影響は色素幹細胞よりもむしろ上皮幹細胞への作用が大きく、DNA 損傷を受けた上皮幹細胞が色素幹細胞に作用してその増殖能を低下させ、分化を誘導することによって、色素幹細胞を減少・枯渇させるとしている[13]。

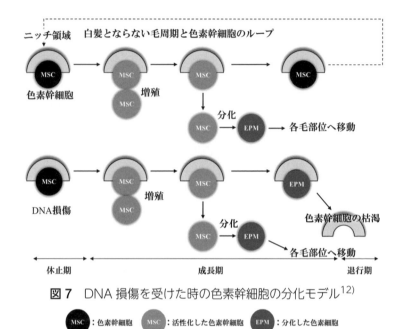

**図7** DNA 損傷を受けた時の色素幹細胞の分化モデル[12)]

MSC：色素幹細胞　MSC：活性化した色素幹細胞　EPM：分化した色素細胞

　いずれにせよ、このような状況下において毛周期が休止期に入ると分化した色素細胞は消失する。その結果、色素幹細胞も枯渇により、新しい毛周期に入ったあとは、毛包では色素産生がおこらず、白髪が発生することとなる。

　また、毛組織のニッチ領域に存在するマトリックス成分のひとつである 17 型コラーゲンをノックアウトしたマウス（Col17a1 KO マウス）では、生後 8 週頃から毛包幹細胞が幹細胞としての性質を失い、さらに、生後 12 週頃から色素幹細胞は分化して減少し、枯渇することが確認されている[14)]。この結果は、ニッチ領域の 17 型コラーゲンが毛包の上皮および色素幹細胞の維持に重要な働きをしていることを示唆している。さらにニッチ

領域に存在する色素幹細胞の維持には、上皮幹細胞が分泌する TGF-β が重要な働きをしていることが確認されている[15]。すなわち、上皮幹細胞が分泌する TGF-β は、色素幹細胞を未分化の状態に維持することによりニッチ領域の微細な環境が維持される。

## 文献

1. 高橋健造, 日皮会誌, **117**: 129–135. (2007)

2. de Viragh PA, Meuli M. *Arch Dermatol Res.* **287**: 279–84. (1995)

3. Ebling FJ. Hair. *J Invest Dermatol.* **67**: 98–105. (1976)

4. Hamilton JB. *Am J Anat.* **71**: 451–480. (1942)

5. Thiboutot D, Harris G, Iles V, *et al. J Invest Dermatol.* **105**: 209–214. (1995)

6. Norwood OT. *South Med J.* **68**: 1359–1365. (1975)

7. Olsen EA. *J Am Acad Dermatol.* **40**: 106–109. (1999)

8. Tobin DJ, Bystryn JC. *Pigment Cell Res.* **9**: 304–310. (1966)

9. Tobin DJ, Paus R. *Exp Gerontal.* **36**: 29–54. (2001)

10. Tobin DJ. Int *J Cosme Sci.* **30**: 233–257. (2008)

11. Nishimura EK, Granter SR, Fisher DE. *Science*. **307**: 720–724. (2005)

12. Inomata K, Aoto T, Binh NT, *et al. Cell*. **137**: 1088–99. (2009)

13. Aoki H, Hara A, Motohashi T, *et al. J Invest Dermatol* **133**: 2143–5. (2013)

14. Masunaga T, Shimizu H, Nishimura EK. *Cell*. **137**: 1088–1099. (2009)

15. Tanimura S, Tadokoro Y, Inomata K, *et al. Cell Stem Cell*. **8**: 177–87. (2011)

# 化粧品コンセプト構築のための皮膚科学的アプローチ編

　第 14 章から第 16 章までは、保湿化粧品コンセプト、美白化粧品コンセプト、抗老化化粧品コンセプトの構築のための皮膚科学的アプローチとして第 1 章から第 13 章まで解説した皮膚生理のメカニズムやトラブルの発生メカニズムなどを抜粋しながら、コンセプト構築の具体事例について解説する。

# 第14章 保湿化粧品コンセプトを構築する ための皮膚科学的アプローチ

　保湿機能は化粧品の最も基本的かつ重要な機能である。角層の水分状態を適正に保つことにより、表皮細胞は健全な分化を行い、水を含めたいろいろな成分の体内からの漏出と外部からの侵入を防ぐバリアとしての役割を持つ角層を形成する。

　これら健全な角層が持つ機能を維持、増強することが、皮膚科学的に考える保湿化粧品コンセプトを構築するためのターゲットとなる。

　ここでは第1章から第5章の内容に基づいて、保湿化粧品コンセプト例について紹介する。


## 1. 対処療法としての保湿化粧品コンセプト

　保湿化粧品の機能を発揮させるためには化粧品処方にグリセリン、ヒアルロン酸をはじめとする保湿剤を配合し、保湿剤の化学的な性質を利用して角層に多くの水を長時間、貯留させることである。

　このような対処療法では、皮膚表面に水を保持する能力を最大限に高める保湿剤の組み合わせを考えることになる。また、化粧品剤型を単純な乳化製剤ではなく液晶製剤あるいは α ゲル製剤のように構造内に強く水分を保持する製剤を選択することにより角層に多くの水分を保持させる方法もある。

しかしながら対処療法としての保湿化粧品コンセプトは、消費者に対する訴求がわかりにくいことから最近ではあまり保湿化粧品のコンセプトとしては主流には取り扱われていない。

## 2. 皮膚の保湿機能を高める保湿化粧品のコンセプト

　「皮膚の保湿機能を高める」とは、皮膚が本来持っている保湿機能に関係するシステムを強化するといった意味のコンセプトである。皮膚の保湿機能は、NMF により発揮される水分保持機能とタイトジャンクション、細胞間脂質ラメラ構造体により発揮されるバリア機能の複合的な作用と考えられる。さらに、物理的にバリアを形成する成熟した角層細胞の作用も忘れてはならない。

### 2.1. 水分保持機能を高める

　NMF の構成成分は約 50%が遊離アミノ酸である。この遊離アミノ酸は、フィラグリンが酵素的に加水分解されることにより生成される。遊離アミノ酸をターゲットとする場合には、表皮細胞のフィラグリン合成を促進するということ、フィラグリンが正しく遊離アミノ酸まで分解されることがポイントとなる。フィラグリンの加水分解に関係するカスパーゼ 14、あるいはブレオマイシンヒドロラーゼを増加させる、あるいは活性化させるなども NMF-遊離アミノ酸をコンセプトとする化粧品の達成手段となる。

また、NMF の一つの成分である乳酸も角層水分量と相関することが報告されていることから、皮膚表面の乳酸量を増やすこともコンセプトポイントとなる。乳酸は一般的には汗由来と考えられている。また、加齢とともに発汗機能が低下することもあり、汗腺の活性化というのも面白いコンセプトとなる。しかしながら、汗腺に関する研究はあまり進んでおらず、このコンセプトを実現するためには今後の研究成果を待たなければならない。

## 2.2.　角層バリア機能を高める

　角層バリア機能は、主には角層細胞間に存在する脂質のラメラ構造体により発揮されるが、この構造体の形成には成熟した角層細胞、角層細胞の周囲の脂質辺縁層の存在が不可欠である。細胞間脂質はセラミド、コレステロール、遊離脂肪酸により構成されることから、脂質によるバリア機能強化については、セラミド、コレステロール、脂肪酸の合成を促進させること、角層細胞を正しく成熟させることが達成手段となる。

　セラミド合成促進をその構成長鎖塩基であるスフィンゴシンの合成から考えるとセリンパルミトイルトランスフェラーゼの生合成促進、また、スフィンゴミエリンからのセラミド量の増加の場合には、スフィンゴミエリナーゼの生合成促進、および活性化が達成手段となる。

　一方、角層細胞の成熟については、角層細胞の周囲にセラミドが化学結合している脂質辺縁層が細胞間脂質のラメラ構造構築の足場となっていることから、脂質辺縁層の正常な形成がポ

イントとなる。脂質辺縁層の形成はトランスグルタミナーゼにより行われることから、トランスグルタミナーゼの生合成促進および活性化が達成手段となる。

　また、顆粒層に存在するタイトジャンクションの形成もバリア機能改善にはコンセプトとなる。タイトジャンクションは複数のタンパク質によって形成される接着装置であることから、具体的なターゲットはオクルディンやクラウディンの生合成促進が達成手段となる。

## 3. 皮膚の乾燥による皮膚トラブル改善を保湿化粧品の機能とするコンセプト

　乾燥性皮膚では炎症性サイトカイン IL-1α の分泌増加と酸化タンパクであるカルボニルタンパクが高い頻度で存在することが特徴として挙げられる。

　実験的に再構築皮膚モデルの角層表面を乾燥状態にすると、皮膚モデルから IL-1α の分泌亢進とモデル内部の活性酸素の生成を伴うカルボニルタンパクの増加が確認されている。

　つまり、皮膚の乾燥は酸化ストレスを表皮細胞内に誘導することになる。高い酸化ストレスは新たなカルボニルタンパクの生成を促進し、乾燥あるいは乾燥による肌荒れを症状とする酸化ループが形成される。この酸化ループを断ち切ることが皮膚の乾燥ケアのコンセプトとなり、そのアプローチは、表皮細胞の抗酸化ケアである。抗酸化ケアには抗酸化剤の配合および表皮細胞内の抗酸化システムの増強がポイントとなる。具体的な

表皮細胞内の抗酸化システムの増強は、グルタチオンなどの細胞内抗酸化物質の合成促進に着目するのも一つの達成手段となる。

　また、バリア機能が低下した皮膚では、感覚刺激に対する感受性が高まっていることも報告されている。乾燥性敏感肌の改善も保湿化粧品の機能としてのコンセプトとなる。感覚刺激は神経細胞の軸索の表皮内部への侵入が一つの形成要因であることから、神経細胞の軸索伸長を抑えるセマフォリン3Aの生合成促進が、このコンセプトの達成手段となる。


## 4. 角層機能の改善評価の方法

　保湿化粧品の究極の機能は健全な機能を持つ角層細胞、およびそれにより構築される角層を作ることである。角層の機能は以下のような項目で測定され、評価される。最も一般的な測定は角層水分量とTEWLの改善には皮膚保湿機能、角層細胞の成熟度、角層の乾燥度、炎症性サイトカインIL-1レセプターアンタゴニストとIL-1αの比、角層細胞の酸化状態（角層カルボニルタンパク）などを指標として評価される。角層細胞の成熟度は角層細胞面積の変化、角層細胞の遊離チオール基とジスルフィド結合の比（SH/SS）、コーニフィアイドセルエンベロープのインボルクリンの免疫染色性を具体的な指標とする。角層の乾燥度は、テープストリップ時の角層細胞の多層剥離率を指標として評価することができる。著者は、角層水分量をTEWL値（角層水分量/TEWL値）で規格化した値が、角層細胞の各パラ

メーターと相関することを報告している。製剤の皮膚保湿機能改善作用の評価において角層状態の改善を含めた評価を行う場合には、角層水分量、TEWL 値の単独のパラメーターだけではなく角層水分量/TEWL 値を用いた解析も皮膚保湿機能の改善評価のパラメーターとして提案される。

# 第15章　美白化粧品コンセプトを構築する ための皮膚科学的アプローチ

　日本における美白化粧品とは、単に皮膚色を白く明るくする だけではなくいわゆるシミを淡色化し目立たなくさせることを 機能として期待される化粧品である。しかしながら、薬機法で は美白化粧品の効能効果表現に「紫外線による」という枕詞が つくことから、美白化粧品のコンセプトにおいてメラニン合成 の刺激として紫外線を外すことはできない。

　これまでの精力的な美白研究の成果により、シミの形成は大 きく分けて3つのステップに分類されることが明らかにされて いる。メラノサイトの活性化による過剰に合成されたメラニン の蓄積によるメラノソームの成熟過程、成熟したメラノソーム の表皮細胞への移送過程、さらにはメラノソームを取り込んだ 表皮細胞の分化とメラノソームの分解過程である。また、この 各過程はメラノサイトと表皮細胞が互いにコミュニケーション をとりながら進行している。

　興味深いことに近年の研究では真皮線維芽細胞がこのコミュ ニケーションに参加していることも明らかになっている。

　ここではこの3つの過程について第11章の内容に基づいて 美白化粧品のコンセプト例について紹介する。

# 1. メラノサイトの活性化とメラノソームの成熟

　紫外線によるメラノサイトは表皮細胞が分泌する因子により活性化される。ここでいうメラノサイトの活性化とはメラノサイトの増殖とメラニン合成の主要酵素であるチロシナーゼ増加、メラノサイト樹状突起の伸長を意味する。

　まず、紫外線を曝露された表皮細胞から分泌される各メラノサイト活性化因子の合成抑制が一つのコンセプトとなる。主な因子としては $\alpha$-MSH と $PGE_2$ があるが、これら因子は紫外線曝露により表皮細胞内で生成された活性酸素を引き金として合成が促進される。よって、これら因子の合成を抑制するためには抗酸化剤の適用あるいは細胞内抗酸化システムを高めることが達成手段となる。また、その他のメラノサイト活性化因子には他に ET-1、SCF などがある。これら因子によるメラノサイトの活性化を抑制するには、各因子のメラノサイトに存在する受容体との結合を阻止する受容体ブロックも達成手段となる。

　また、メラニンを蓄積した成熟メラノソームはメラノサイト内でキネシンとミオシン Va をモータータンパクとして樹状突起の先端まで輸送され、成熟メラノソームを集積した小胞を形成し樹状突起より切り離される。著者らはミオシン Va を減少させることにより成熟したメラノソームはメラノサイトの核周辺に逆輸送されオートファジーにより分解されることを見出している。この事実はメラノサイト内のメラノソームの輸送阻害も美白化粧品のコンセプトになりうることを示しており、その一つの手段としてミオシン Va を減少させることがあげられる。

## 2. メラノソームの表皮細胞への移送

　メラノソームの表皮細胞への移送は、自己活性型受容体 PAR-2(protease activated receptor-2) の活性化により表皮細胞内へ取り込まれる。PAR-2 はセリンプロテアーゼにより細胞外へ出ているペプチド鎖の末端が切断され、その切断面が自身の受容体に結合することにより活性化される。よって、プロテアーゼの活性阻害を達成手段とするメラノソームの表皮細胞への移送阻害が美白コンセプトとなる。また、近年、注目されているのが線維芽細胞より分泌される因子のメラノソーム移送の促進作用である。KGF (keratinocyte growth factor) は、線維芽細胞で合成される表皮細胞の増殖因子であり、メラノソームの表皮細胞への移送を促進する作用を持っている。KGF は表皮細胞から分泌される IL-1α の作用により線維芽細胞で合成が促進される。

　一方、代表的なシミである老人性色素斑部位ではヘパラン硫酸の低下を伴う基底膜の損傷がある。正常な基底膜はヘパラン硫酸の作用により KGF などの増殖因子がトラップされ、メラノサイトに対する作用が制御されている。この事実から少なくとも 2 つのメラノソーム移送抑制についてのコンセプトが提案される。一つは IL-1α の分泌を抑制することによる線維芽細胞からの KGF の合成抑制である。さらに、ヘパラン硫酸の存在を維持するためのヘパラン硫酸分解抑制および合成促進も線維芽細胞とメラノサイトのコミュニケーションをコンセプトとする製品の達成手段として考えられる。さらに、従来の表皮細胞

まで加えると、「表皮細胞、線維芽細胞、メラノサイトの3つの細胞のコミュニケーションブロックによる色素斑形成を抑制する」といったこれまでにない美白コンセプトの提案にもつながる。

　また、表皮細胞から分泌されるメラノソーム移送活性化因子は $\alpha$-MSH と $PGE_2$ である。これら因子の合成抑制、受容体ブロックもメラノソーム移送に限定したコンセプトの達成手段として考えられる。

## 3. メラノソームを取り込んだ表皮細胞の分化とメラノソームの分解過程

　多くのメラノソームを取り込んだ表皮細胞は増殖能が低く、分化能も低いことが報告されている。この事実は、色素斑部位にある表皮細胞は増殖しにくいことから取り込まれたメラノソームは希釈されず（分裂により取り込まれたメラノソームは2つの細胞に半分ずつ分けられる）、さらに分化しにくいことから長い時間表皮に留まっていることにつながる。その結果、色素斑は消えにくくなる。この状況を改善するにはメラノソームを取り込んだ表皮細胞の増殖を選択的に高め、同時に分化を選択的に促進することが要求されるが、この選択的にというところがコンセプトとしては魅力的ではあるが、現状では実現性に乏しいコンセプトであると思われる。

　一方、表皮細胞へ取り込まれたメラノソームはオートファジーにより分解される。メラノサイトを含む再生皮膚モデルを

用いた実験でも、オートファジーを活性化するとモデルの皮膚色は白くなり、オートファジーを不活化するとモデルの皮膚色は黒くなる。オートファジーは mTOR（mammallian Target of Rapamycin）の活性化により不活化され、mTOR の不活化により活性化される。この事実からコンセプトを提案すると mTOR の制御に関したオートファジーの活性化はメラノソームの分解促進をコンセプトとする美白製品の達成手段として考えられる。

# 第16章　抗老化化粧品コンセプトを構築するための皮膚科学的アプローチ

　皮膚老化は老人性色素斑の出現とシワ、タルミの出現に特徴づけられる色調および形態変化である。この章では、シワ、タルミに焦点をあてた抗老化化粧品コンセプトについて紹介する。シワ、タルミは年齢に伴う皮膚代謝機能の低下を原因とするものと代謝機能の低下に加えて太陽光線の慢性的な曝露を原因とするものがある。前者は生理的な老化と呼ばれ、後者は光老化と呼ばれる。

　美容的ターゲットは、顔面に生じるシワ、タルミであり、顔面皮膚は常に太陽光線に曝露されていることから光老化皮膚の予防と改善が抗老化化粧品の達成するべきゴールとなる。

　ここではこの3つの過程について第8章、第9章の内容に基づいて抗老化化粧品のコンセプト例について紹介する。


## 1.　コラーゲンをターゲットとするコンセプト

　光老化皮膚の真皮構造変化の特徴は、真皮上層でのコラーゲン線維の減少である。コラーゲンは MMP-1 による既存コラーゲン線維の分解、線維芽細胞によるコラーゲン線維の再生によってその構造が再生される。光老化皮膚では、この分解と再生のバランスの崩れが生じている。そこで、大きな枠で考えた時のコンセプトは、「コラーゲン線維の分解と再生のバランス

の崩れを防止する。あるいはバランスを正しい姿に調整する」ということになる。

## 1.1. コラーゲン線維の分解を抑制

**MMP-1**

　コラーゲン線維の分解に関わる MMP-1 は、太陽光線の中の UV により細胞内で生成が亢進される活性酸素が引き金となり増加する。簡単に考えると、この増加した活性酸素を消去してしまえば MMP-1 は、増加しないということになる。つまり、抗酸化剤の配合、あるいは細胞内で抗酸化システムの補強がコンセプト達成手段となる。

**TIMP**

　MMP-1 には、内在性の阻害剤 TIMP が存在する。MMP-1 が増加しても、それ以上に TIMP も増えれば MMP-1 は、コラーゲン線維を分解することはできなくなる。よって、TIMP の合成促進がコンセプト達成手段となる。

**IL-8 と好中球エラスターゼ**

　コラーゲン線維の周辺をデコリンという糖タンパク質が被覆している。この被覆部位が、MMP-1 がコラーゲン線維を切断する部位にあたっている。このデコリンは、好中球エラスターゼにより分解されることにより、MMP-1 のコラーゲン分解を促進する。また、好中球は IL-8 により血管から真皮まで引き出される。よって、この現象をターゲットにした場合は、好中球エラスターゼの活性阻害と IL-8 の生成抑制がコンセプトとなる。

## 1.2. コラーゲン線維の再生

### TGF-β と Smad シグナル

コラーゲン分子は、TGF-β と Smad シグナルにより合成される。また、UV を照射された線維芽細胞では TGF-βII 受容体が減少することにより TGF-β と Smad シグナルが働かず、コラーゲンが再生されない。そこで、TGF-βII 受容体の減少を抑制することがコンセプト達成手段として考えられる。

### CCN1/CYR61

CCN1/CYR61 は、コラーゲン合成の抑制に関わるタンパク質である。線維芽細胞内で CCN1/CYR61 が増加することによりコラーゲン合成は低下する。CCN1/CYR61 の細胞内での合成も MMP-1 と同じ経路で進行することから、活性酸素が引き金となる。よって、MMP-1 合成抑制が、同様に CCN1/CYR61 合成抑制の達成手段になる。

## 2. 弾性線維の分解と再生

光老化皮膚の真皮上層では基底膜から垂直に下へ伸びる弾性線維がほぼ完全に消失し、真皮中層部に無秩序に走る弾性線維が過増生している。このようにコラーゲン線維と異なり弾性線維は部位による相反する変化を示すことから、これまで単純なコンセプトを作りにくいターゲットであった。

## 2.1. オキシタラン線維の分解抑制

### IL-8 と好中球エラスターゼ、線維芽細胞エラスターゼ

　オキシタラン線維は、基底膜から垂直に真皮下層へ伸びる細い線維であり、フィブリリン-1 を構成タンパク質とするマイクロフィブリルである。文献的にはマイクロフィブリル上にはトロポエラスチンが沈着していないといわれているが、トロポエラスチン抗体を用いた免疫染色により可視化されることから僅かながらでもトロポエラスチンが沈着していると思われる。弾性線維の分解には好中球エラスターゼと線維芽細胞の細胞膜に発現するエラスターゼ（ネプリリシン）が関与している。UV照射マウス皮膚ではオキシタラン線維の消失部位に好中球の存在が報告されていることから、主には好中球エラスターゼがオキシタラン線維の分解に関与していると考えられる。これをコンセプトの達成手段として考えると、好中球エラスターゼの活性阻害と好中球を真皮へ引っ張り出す IL-8 の合成抑制となる。

　一方、線維芽細胞エラスターゼは、UVA によりその発現が誘導される。また、IL-1 によっても発現が誘導される。UVA は表皮細胞の IL-1 の合成、分泌を促進することから、表皮細胞の IL-1 合成抑制がコンセプトの達成手段として考えられる。この場合、表皮細胞と線維芽細胞のコミュニケーションを妨害するという少しユニークな抗老化コンセプトになる。

## 2.2. 弾性線維の再生

　弾性線維の再生は、多くのタンパク質が複雑に働き行われる。よって、再生を抗老化コンセプトにするには、科学的に明確な

根拠を持って構築することは難しいのが現状である。

　ここでは、ひとつの仮説的な提案としてコンセプトについて述べることとする。光老化真皮でオキシタラン線維が消失すること、オキシタラン線維はフィブリリン-1 を構成タンパク質とするマイクロフィブリルが主な構造タンパク質であることから、フィブリリン-1 の合成促進、あるいは UV 照射線維芽細胞で低下したフィブリリン-1 の合成回復がコンセプトの達成手段になりうる可能性がある。


## 3. 基底膜の分解と再生

　基底膜はタイプ IV コラーゲンとラミニン 332 を主な構造タンパク質として構成されている。また、ヘパラン硫酸などをグリコサミノグリカンとするプロテオグリカンも存在する。基底膜構成成分は表皮細胞と線維芽細胞で合成される。

### 3.1. タイプ IV コラーゲンの分解

　基底膜のタイプ IV コラーゲンは、MMP-2 および MMP-9 によって分解される。よって、分解抑制をコンセプトとする場合は MMP-2 および MMP-9 の合成抑制が主な方向性となる。MMP-2 および MMP-9 の合成についても MMP-1 と同様に活性酸素が引き金となっていることから、抗酸化剤の配合あるいは細胞内抗酸化機能の増強がコンセプト実現の方法論となる。

## 3.2. 基底膜の再生

　基底膜の再生については、表皮細胞あるいは線維芽細胞を刺激した主要構成タンパク質の合成促進が達成手段となる。

■著者紹介

正木仁　東京工科大学応用生物学部先端化粧品コース　教授、薬学博士
1980 年 3 月　神戸大学大学院理学研究科化学専攻終了後、持田製薬株式会社、株式会社ノエビア、株式会社コスモステクニカルセンターを経て、現職に至る。
1995 年 9 月京都薬科大学にて博士号 (薬学) 取得、日本香粧品学会　理事、甲南大学招聘研究員

岡野由利　㈱ CIEL　取締役・チーフコンサルタント、薬学博士
1983 年 3 月　岡山大学理学研究科化学専攻修了後、株式会社ノエビアに入社。
株式会社コスモステクニカルセンター、ロート製薬株式会社を経て、現職に至る。
2003 年 9 月京都薬科大学にて博士号 (薬学) 取得、日本化粧品技術者会学術委員、東京工科大学非常勤講師

化粧品の効能を考えるときに読む皮膚科学
―化粧品コンセプトを構築するための皮膚科学的アプローチ―

2020 年 3 月 17 日　初版第一刷発行

著者　正木　仁・岡野由利

発行　技術教育出版有限会社
　　　〒166-0015　東京都杉並区成田東 3-3-14-106
　　　電話 03 (5913) 8548　FAX03 (5913) 8549
　　　http : //www.kbsweb.org/Gijyutukyouiku/

発売　株式会社　生活ジャーナル
　　　〒161-0033　東京都新宿区下落合 4-4-3　山本ビル 2 階
　　　電話 03 (5996) 7442　FAX03 (5996) 7445

落丁・乱丁はお取り替えいたします。